I0066296

HEIMTECHNIK

VON

DR.-ING. LUDWIG SCHULTHEISS

EINFÜHRUNGSWORT VON

GEHEIMRAT CHRISTIAN PRINZ

O. PROF. DER TECHNISCHEN HOCHSCHULE MÜNCHEN

MIT 127 ABBILDUNGEN
UND 23 ZAHLENTAFELN

VERLAG VON R. OLDENBOURG, MÜNCHEN U. BERLIN

1929

Alle Rechte, einschließlich des Übersetzungsrechtes, vorbehalten.

Druck von R. Oldenbourg, München

Einführung.

Die Ausstellung „Heim und Technik, München 1928" hat jedem, der sie gründlich studierte, eindringlich vor Augen geführt, daß es noch außerordentlicher Aufklärungsarbeit bedarf, um eine Reihe von wirtschaftlichen und technischen Grundsätzen zum Allgemeingut der Verbraucher von Haushalt-Einrichtungen und -Maschinen, in erster Linie also der Hausfrauen zu machen. Die Ausstellung hat aber auch gezeigt, daß es für die Ingenieure und die Industrien der Hausgeräte angestrengtester Arbeit bedarf, um praktische und dabei in Konstruktion und Betrieb billige Einrichtungen zu schaffen.

Da das vorliegende Buch diesem Zwecke dient, wird sein Erscheinen allen willkommen sein, denen es mit der Förderung technischen Fortschrittes auf dem bisher so stark vernachlässigten Gebiet des Haushaltwesens ernst ist.

München, im November 1928.

Der erste Präsident der Ausstellung
„Heim und Technik, München 1928"

Christian Prinz,

Geh. Hofrat, o. Prof. des Maschinenbaues
a. d. Technischen Hochschule München.

Vorwort.

Die Anwendung technischer Hilfsmittel und Erkenntnisse im engeren Heim des Menschen ist an und für sich keine Errungenschaft der Neuzeit; als selbständiges Arbeitsgebiet tritt jedoch die „Heimtechnik" erst seit verhältnismäßig kurzer Zeit auf. Eigentlich muß das befremden, denn die Technik ist berufen, dem großen Schlagwort der Zeit „Sparen" zum Erfolg zu verhelfen. Aus diesem Grund ist die Frage der Einführung technischer Errungenschaften im Heim eine Angelegenheit des eigenen Geldbeutels, und müßte demnach den Menschen erfahrungsgemäß weit mehr berühren als alle anderen Dinge. Allerdings ist sie eine Frage des Geldbeutels auch insoferne, als ihre Einführung gewisse Geldmittel erfordert, die leider allzuhäufig nicht vorhanden sind, oder fälschlicherweise für andere Zwecke Verwendung finden.

Trotzdem erfreut sich das Gebiet der Heimtechnik in der allerjüngsten Zeit steigender Beachtung, die in der großen Zahl von Ausstellungen des In- und Auslandes und in der Zunahme der Literatur zum Ausdruck kommt.

Von den Ausstellungen seien genannt: „Wohnung und Siedelung" in Dresden 1925, die Werkbundausstellung „Die Wohnung" in Stuttgart 1927, die Ausstellung „The ideal home" in London 1928, die Ausstellung „Der neuzeitliche Haushalt" in Frankfurt a. M. 1927 und die Ausstellung „Heim und Technik" in München 1928.

Was die Literatur betrifft, so kann als erstes Werk von Bedeutung in Deutschland wohl „Die rationelle Haushaltführung" von Christine Frederic, übersetzt von Irene Witte, angesehen werden. 1924 erschien das Buch des früheren Stadtbaumeisters Bruno Taut „Die neue Wohnung", dem in der Zwischenzeit noch zwei weitere Werke desselben Verfassers gefolgt sind. 1926 schrieb dann Dr. Erna Meyer das Buch „Der neue Haushalt", an das sich weitere Werke angeschlossen haben.

Das Verzeichnis am Ende des vorliegenden Buches gibt einen ziemlich vollständigen Überblick über die bisher erschienene Literatur. Ein Teil der aufgeführten Werke und Schriften hat zur Bearbeitung des Buches Verwendung gefunden.

Wenn ich es trotz dieser reichen Auswahl an Belehrungsmitteln unternehme, ein weiteres Buch hinzuzufügen, so geschieht dies aus folgenden Gründen:

Ein großer Teil der vorhandenen Literatur beschränkt sich darauf, das zurzeit bekannte mehr oder weniger vollständig aufzuzählen oder beschreibend aneinanderzureihen. Das genügt aber nicht, denn die Einrichtungen selbst kann der Beschauer wenigstens teilweise in den Auslagen jeder Großstadt bewundern. Er muß vielmehr die Möglichkeit haben, sich ein möglichst vollkommenes Bild von der Zweckmäßigkeit und vor allem auch von der Wirtschaftlichkeit der Einrichtungen zu verschaffen, sonst bleibt er der Spielball der Reklame.

Hier muß der Ingenieur, der Techniker einsetzen. Er muß die verschiedenen vorhandenen Einrichtungen mit den Hilfsmitteln und Erkenntnissen von Wissenschaft und Technik prüfen, um die kritische Betrachtung des Gebotenen zu ermöglichen und den Weg zu weiterem Fortschritt zu weisen.

In dem vorliegenden Buch ist der Versuch einer Behandlung des Stoffes in diesem Sinn unternommen. Es ist dies allerdings keine ganz leichte Aufgabe. Besonders die Aufstellung einwandfreier Wirtschaftlichkeitsberechnungen für die verschiedenen Maschinen, Geräte und sonstigen Einrichtungen bietet allerlei Schwierigkeiten. Die Kosten für Erneuerung und Unterhalt sind abhängig von dem Gütegrad des Erzeugnisses und der Sorgfalt der Behandlung. Die Hausfrau, welche gewohnt ist, ihre Einrichtungen liebevoll und mit dem nötigen Verständnis zu behandeln, wird an einer Maschine vielleicht das ganze Leben ihre Freude haben, während eine andere, die über diese Eigenschaften nicht verfügt, dieselbe Maschine in wenigen Jahren vollkommen zugrunde richtet. Die Kosten für Gas, Strom und sonstige Betriebsmittel verändern sich ebenfalls mit der Sorgfalt und der Sachkenntnis des Bedienenden. Ein Gasherd kann für ein und dieselbe Arbeit in der ungeübten Hand des Schülers den doppelten Verbrauch haben wie in der Hand des Lehrers. Das gleiche gilt auch für den Zeitaufwand. Das säumige Dienstmädchen kann zum Bügeln von 10 kg Wäsche mit Leichtigkeit einen Tag vertrödeln, während die hurtige Maid mit derselben Menge in der halben Zeit fertig wird. Wirtschaftlichkeitsberechnungen ergeben daher nur Vergleichswerte, die auf Grund möglichst einheitlicher Vorbedingungen errechnet sind.

Der zweite Grund für die Herausgabe des Buches liegt in der Beobachtung, daß die dauernd steigende Beachtung der heimtechnischen Probleme weitere Aufklärungsarbeit durchaus nicht überflüssig macht.

Trotz aller Fortschritte in dieser Hinsicht ist der Wert der technischen Errungenschaften und die Notwendigkeit ihrer Einführung von vielen Verbrauchern, aber auch von den Technikern nicht genügend erkannt worden.

Sonst wäre es nicht möglich, daß auch heute noch Bauten errichtet werden, bei denen auch die einfachsten Grundsätze neuzeitlicher Wirtschaftsführung im Haushalt außer acht gelassen sind. Dazu wird diese Außerachtlassung noch damit begründet, daß man der Hausfrau die Arbeit nicht zu sehr erleichtern darf, sonst wisse sie nicht, was sie mit ihrer Zeit anfangen soll. Auch die Konstrukteure der Möbel, der Haushaltmaschinen und Geräte, die Installateure für Wasser, Gas und elektrischen Strom haben sich vielfach die Grundsätze der wissenschaftlichen Betriebsführung im Haushalt und die Eigenheiten und besonderen Bedingnisse der Heimtechnik noch nicht in dem erforderlichen Maß zu eigen gemacht.

Das vorliegende Buch wendet sich weniger an die Hausfrauen bzw. die Haushaltungsvorstände — für diese Kreise ist ausreichend Literatur vorhanden — sondern mehr an die Ingenieure der verschiedenen Fachrichtungen und die sonstigen technisch vorgebildeten Kreise, welche diese Einrichtungen herzustellen und einzubauen haben. Meines Erachtens nach ist das der kürzere Weg zum Ziel, denn die verwaltende Hausfrau kann im allgemeinen nur mittelbar auf die Gestaltung der Dinge einwirken, während der Erzeuger der Bauten und ihrer Einrichtungen sowie der Fachmann, der sie einbaut, es unmittelbar in der Hand hat, durch deren entsprechende Gestaltung und Anordnung von vornherein größte Zweckmäßigkeit und Wirtschaftlichkeit zu erzielen oder wenigstens anzustreben.

Die Hausfrau allerdings, welche selbst gestaltend und ordnend zugreifen will, wird manche Erkenntnis und Anregung dem Buch entnehmen können.

Ebenso werden auch die Technischen Lehranstalten, Haushaltungsschulen und Institute, das Buch nutzbringend verwerten können. Heute, im Zeitalter der Technik, muß auch bei der Jugend das Verständnis für technische Probleme im Haushalt und deren Wert in wirtschaftlicher Hinsicht ausgebildet werden.

München, im November 1928.

Dr.-Ing. L. Schultheiß.

Inhaltsverzeichnis.

I. Wissenschaftliche Betriebsführung im Haushalt.

a) Ziel der wissenschaftlichen Betriebsführung.

Auch der Haushalt ist ein Betrieb. Daher können die Regeln und Gesetze der „wissenschaftlichen Betriebsführung" in zweckentsprechender Form auf ihn angewendet werden.

Die wissenschaftliche Betriebsführung gipfelt in dem Streben, Arbeit zu sparen, und zwar in erster Linie Arbeit von Menschenhand.

Dieses Ziel sucht man zu erreichen durch Beschränkung der Arbeitsmenge, also Vermeidung aller überflüssigen Arbeit und durch Ausführung aller notwendigen Arbeit in kürzester Zeit und mit einem Mindestaufwand an Kraft.

Im Haushalt wird noch recht viel unnütze Arbeit geleistet und die Bestrebungen müssen daher schon in diesem Punkt einsetzen.

Wenn in der Küche das Geschirr und die sonstigen Geräte und Hilfseinrichtungen an den Wänden herumhängen, sodaß jede Woche mehrere Arbeitsstunden aufgewendet werden müssen, um sie von Staub, Insekten und der entstandenen Oxydschicht zu reinigen, so ist diese Arbeit wertlos oder, technisch ausgedrückt, ihr Wirkungsgrad ist gleich Null; denn werden die Geräte in einem Schrank vor Staub geschützt untergebracht, so ist die Arbeit überhaupt nicht notwendig.

Eine ebenso überflüssige und daher wertlose Arbeit ist das Suchen. Befindet sich jeder Gegenstand an seinem Platz, so genügt oft ein Schritt oder ein Griff, um ihn ans Tageslicht zu befördern. Sind hundert oder tausend Schritte dazu notwendig, so ist der Wirkungsgrad dieser Arbeit ebenfalls gleich Null.

Wenn die Hausfrau des Morgens von ihrer im 4. Stock gelegenen Wohnung 5 mal in einen Laden geht, um Dinge einzukaufen, die sie auf einem Gang hätte erwerben können, so sinkt der Wirkungsgrad der Arbeit auf 15%.

b) Ersparnis an Zeit.

Der Zeitaufwand für die unbedingt zu leistende Arbeit kann einmal dadurch vermindert werden, daß die einzelnen hierzu notwendigen Handgriffe und Schritte möglichst rasch ausgeführt werden. Damit ist aber erfahrungsgemäß nicht viel zu erreichen. Der menschliche Organismus ist sehr empfindlich gegen Überlastung. Der Kraft- bzw. Leistungsaufwand steigt ganz außerordentlich, wenn das gewöhnliche Arbeitsmaß überschritten wird. Jeder weiß, wie sehr man sich anstrengen muß, um einen Weg, der normalerweise in 10 Minuten zurückzulegen ist, in 8 Minuten zu bewältigen. Nur 20% Zeit werden gewonnen, aber der Leistungsaufwand beträgt mindestens das Doppelte.

Erhöhter Leistungsaufwand hat stets auch erhöhtes Ruhebedürfnis zur Folge, das von der Ansammlung von Ermüdungsstoffen im Körper herrührt. Zu ihrer Ausscheidung ist Ruhezeit notwendig, deren Dauer im Falle vorausgegangener Überlastung die erzielte Zeitersparnis um ein Mehrfaches übersteigen kann. Gönnt man dem Organismus die Ruhezeit nicht, die er zur Ausscheidung der Ermüdungsstoffe braucht, dann sammeln sie sich an und führen zur Erkrankung.

Jeder Betriebsleiter weiß, daß die Steigerung der Arbeitsgeschwindigkeit auf die Dauer nur wenig Nutzen bringt, und daß es viel wirksamer ist, die Arbeitswege zu beschränken.

Dabei kommt natürlich nicht nur die mit den Füßen zurückgelegte Wegstrecke in Frage, sondern auch die Bewegung der Arme und anderer Körperteile. Es ist nicht gleichgültig, welcher Körperteil die Bewegung ausführt. Den geringsten Arbeitsaufwand erfordert die Bewegung der Hände und der Arme, sofern nicht schwere Gegenstände zu befördern sind. Das Gehen erfordert schon mehr Anstrengung, weil das Körpergewicht mitgetragen werden muß. Den größten Leistungsaufwand erfordern aber die Bewegungen, welche eine starke einseitige Beanspruchung einzelner Gliedmaßen hervorrufen, wie Knien und Bücken.

Nach den Untersuchungen des Kaiser-Wilhelm-Instituts für Arbeitspsychologie ist der Arbeitsaufwand beim Liegen am geringsten. Beim Sitzen ist er 4%, beim Stehen 12%, beim Knien 18% und beim Bücken 55% höher als beim Liegen. Aus diesen Angaben geht hervor, daß es zweckmäßig ist, alle Arbeit möglichst im Sitzen auszuführen. Die neueren Bestrebungen bewegen sich in dieser Richtung.

Das Stehen ist deshalb so ungünstig, weil es eine rein statische Arbeitsleistung darstellt. Das gleiche gilt für die Haltearbeit der Arme. Bei der statischen Arbeit ist das Verhältnis zwischen Arbeitsaufwand und Blutzuführung am ungünstigsten. Die Blutgefäße werden bei der Muskelanspannung zusammengezogen, die Blutzufuhr ist ungenügend, die Ermüdungsstoffe sammeln sich an und führen nach kürzerer oder längerer Zeit zu Schmerzen und zur Erschlaffung der betreffenden Gliedmaßen.

Das günstigste Verhältnis zwischen Arbeitsaufwand und Blutzufuhr besteht beim Gehen mit richtiger Geschwindigkeit. Ist die Geschwindigkeit zu gering, so wird das Verhältnis wieder ungünstig. Jeder weiß, wie ermüdend das langsame Umherwandern in Museen und Ausstellungen wirkt.

Die wissenschaftlichen Untersuchungen über die Arbeitsausführung im Haushalt haben sich also darauf zu erstrecken, möglichst geringe Wege zu schaffen und ungünstige Bewegungsformen wie Knien und Bücken bei der Tätigkeit im Haushalt möglichst auszuschalten. Hierdurch wird Zeit gespart und auch Kraft. Kurze Wege werden erzielt durch zweckmäßige Anordnung der Räume zueinander und folgerichtige Aufstellung der Möbel. Untersuchungen hierüber bringt der nächste Abschnitt.

Ungünstige Bewegungsformen werden vermieden durch entsprechende Formgebung und Einteilung der Möbel und der sonstigen Einrichtungen. Diese Frage wird im Abschnitt III behandelt.

c) Ersparnis an Kraft.

Kraft wird gespart durch die eben erwähnte Vermeidung aller ungünstigen Bewegungsformen. Erreicht wird dies durch Vornahme aller Arbeiten in zweckentsprechendem Abstand vom Erdboden. Vor allem ist auf richtige Tischhöhe zu sehen. Alle Einrichtungen, die Bedienung erfordern und alle Gerätschaften sind in möglichst handlicher Lage unterzubringen. Das Schleppen schwerer Gegenstände ist durch deren zweckmäßige Anordnung und Unterbringung zu vermeiden. Das gilt insbesondere für das Herumschleppen von Wasser und Brennstoffen.

Die Hauptersparnis an Kraft wird allerdings erzielt durch Verwendung mechanischer Hilfsmittel. Besonders die elektrische Triebkraft ist wegen ihrer großen Zuverlässigkeit, Billigkeit und Einfachheit der Bedienung zur Verwendung im Haushalt besonders geeignet.

Zum Ersatz der menschlichen Arbeitskraft ist im allgemeinen ein Elektromotor von $\frac{1}{5}$ PS notwendig. In manchen Fällen, z. B. bei der Waschmaschine, wird man den Motor stärker wählen ($\frac{1}{3}$—$\frac{1}{2}$ PS), um eine Leistungssteigerung zu erzielen, vielfach genügt hierzu schon eine geringere Leistung wie z. B. bei der Nähmaschine ($\frac{1}{25}$ PS).

Die Frage der Wirtschaftlichkeit des Maschinenbetriebes und der sonstigen technischen Hilfsmittel im Haushalt bedarf allerdings für jeden einzelnen Fall der besonderen Prüfung. Den Anlage- und Betriebskosten steht als Gewinn verbesserte Arbeitsausführung und Zeitersparnis gegenüber. Ihr Wert muß richtig eingeschätzt und in Rechnung gestellt werden. Das gilt natürlich auch für den Zeitaufwand zur ordnungsgemäßen Instandhaltung und Bedienung. Wenn man eine Reihe technischer Einrichtungen im Hause hat, gibt es erfahrungsgemäß immer etwas zu richten. Bald lockert sich an einer Maschine eine Schraube, die Lager brauchen Öl, oder die Bürsten eines Elektromotors müssen erneuert werden, dann löst sich der Stift eines elektrischen Steckers und geht verloren, eine Sicherung schlägt aus unbekannter Ursache durch, die Zuleitungsschnur des Bügeleisens wird schadhaft, ein Heiz-

körper muß ausgewechselt werden. Ein andermal brennt wieder der
Gasherd schlecht, weil sich Wasser oder Schmutz in der Leitung an-
gesammelt hat, irgendein Wasserablauf verstopft sich oder der Hahn
tropft usw. Sind aber die Anlage- und Betriebskosten nicht zu hoch, so
genügt meist schon eine verhältnismäßig geringe Zeitersparnis, um die
Kosten für Verzinsung, Erneuerung, Unterhalt usw. der Einrichtungen
zu decken. Allerdings ist hierzu notwendig, daß die zur Beschaffung
erforderlichen Mittel zur Verfügung stehen.

Bei der großen Masse des Volkes, die meist von der Hand in den
Mund lebt, ist dies nicht der Fall. Trotzdem braucht sie auf die technischen Errungenschaften der Neuzeit nicht vollkommen zu verzichten.
Wer das Geld nicht zur Verfügung hat, überläßt heute die Kapital-
beschaffung dem Erzeuger bzw. dem Händler und kauft auf Abzahlung.
Solange die hieraus erwachsende Belastung die Leistungsfähigkeit des
Kaufenden nicht übersteigt, ist gegen dieses Verfahren nichts einzu-
wenden. Maßhalten heißt es allerdings auch hier. Auswüchse, wie sie
hauptsächlich in Amerika zu beobachten sind, wirken schädlich, aber
das trifft schließlich auf alle Arten von Auswüchsen zu.

d) Verteilung der Geldmittel.

Es sind in der letzten Zeit Berechnungen über die Verteilung der
zur Verfügung stehenden Mittel im Haushalt aufgestellt worden. Sie
ermöglichen die genaue Feststellung der Summen, welche für die verschiedenen Zwecke zur Verfügung stehen und verhindern damit Mehr-
belastung auf einzelnen Gebieten. Die Ausstellung „Heim und Technik"
brachte die folgende Gegenüberstellung dreier verschieden bemittelter
Haushaltungen:

Zahlentafel 1.

Einkommen und Verbrauch deutscher Haushaltungen 1926.

	Einkommen		
	unter 2500 M.	zwischen 4000 und 4500 M.	über 7500 M.
	%	%	%
1. Nahrung und Genußmittel	46,5	36,6	27,7
2. Kleidung, Wäsche	10,5	12,3	13,5
3. Wohnung	13,6	10,2	9,0
4. Beleuchtung, Heizung	5,0	4,0	3,8
5. Hauseinrichtung, Möbel	2,6	7,4	4,4
6. Gesundheitspflege, Verkehrsaus- gaben, öffentl. Abgaben	14,4	18,1	25,2
7. Bildung, Erholung.	4,7	6,1	6,9
8. Ersparnisse	0,0	1,1	3,1
9. Allgemeine Ausgaben	2,7	4,2	6,4
	100,0	100,0	100,0

Die Beschaffung technischer Einrichtungen hätte hauptsächlich aus den Posten Ziffer 2, 4 und 5 zu erfolgen, es kommen jedoch auch die anderen Ziffern, z. B. 3, 6 und 8, in Frage.

Auch die Etatheimschriften von Irene Witte — herausgegeben vom Kaufhaus Israel in Berlin — befassen sich eingehend mit dieser Verteilung der Geldmittel. Die dort aufgestellten umfangreichen Zusammenstellungen gestatten für jedes Einkommen die sofortige Feststellung des Betrages, der für eine der aufgeführten 15 Ausgabegruppen zur Verfügung steht. Berücksichtigt ist hierbei auch die Zahl der Personen und die Größe der Wohnung. Die letztere beeinflußt bei neuerbauten Häusern infolge der hohen Mieten die Geldmittelverteilung im Haushalt erheblich.

Bei nur 46 m² Wohnfläche und 3600 M. Bruttoeinkommen verschlingt die Miete 18%, bei 110 m² Wohnfläche und 6000 M. Nettoeinkommen 26% der gesamten zur Verfügung stehenden Unterhaltmittel. Zweckmäßige Wohnungsgestaltung ist deshalb eine unerläßliche Forderung, die allerdings bis heute noch nicht von allen Beteiligten in ausreichendem Maß erfüllt wird.

Die nachfolgende Zahlentafel 2 enthält im Auszug die Geldmittelverteilung nach den oben genannten Vorschlägen. Es sind 2 Abschnitte vorgesehen: Lebensnotwendigkeiten (Ziffer 1—10) und kulturelle Bedürfnisse (Ziffer 11—15). Die letzteren lassen sich einzeln nicht ausscheiden. Sie umfassen: Geselligkeit, Behaglichkeit, Erholung und Gesundheit, dann die eigentlichen kulturellen Bedürfnisse, wie Bücher, Zeitungen, Vorträge usw. und schließlich die Ersparnisse. An Hand solcher Zusammenstellungen ist es leicht möglich zu ermitteln, welchen Einfluß die bei Verwendung eines Gerätes oder einer Maschine erzielte Ersparnis auf die gesamte Geldmittelverteilung im Haushalt ausübt.

Zahlentafel 2.

Geldmittelverteilung in einem Großstadthaushalt.

1	2	3	4	5	6	7	8	9	10	11—15
Jährl. Einkommen	Zahl der Personen	Größe der Wohnung qm	Anzahl der Räume	Miete (Neubauten)	Licht und Heizung	Instandhaltung der Wohnung	Nahrung und Genußmittel	Kleidung und Wäsche	Fahrgeld	Kulturelle Bedürfnisse
2400	1	28	1	295	90	40	1200	350	120	305
3600	2	46	1½	650	150	85	1500	700	150	365
4200	3	46	1½	650	170	85	1800	750	175	570
4800	3	60	2	840	200	120	1800	750	175	915
5400	4	70	2½	980	220	140	2100	780	200	980
6000	4	70	2½	980	220	140	2500	950	200	1010
6600	4	110	4	1550	270	210	2500	950	200	920
7200	5	110	4	1550	270	210	2650	975	230	1315
7800	5	110	4	1550	270	250	2650	1100	250	1730
8400	5	140	5	2000	280	350	2650	1100	275	1745
10200	5	140	5	2000	350	350	2650	1200	360	3290
12000	5	140	5	2000	350	350	3500	1300	370	4130

II. Raumanordnung, Stellung der Möbel und der sonstigen Einrichtungen in den Wirtschaftsräumen der Wohnung.

A. Zweckmäßige Lage der Wohnräume zueinander.

a) Begriff der zweckmäßigen Lage.

Was verstehen wir unter einer zweckmäßigen Lage von Wohnräumen zueinander?

Diese Frage wird nicht in allen Ländern der Erde, nicht zu allen Zeiten und auch nicht innerhalb der verschiedenen Gesellschaftskreise eines Landes in gleicher Weise beantwortet werden können. Ganz allgemein gesprochen, ist die Ausstattung eines Wohnraumes oder die Anordnung mehrerer Wohnräume zueinander dann als zweckmäßig zu betrachten, wenn sie unseren praktischen Lebensbedürfnissen am besten entspricht.

Je nach der Art der Lebensbedürfnisse wird demnach die Antwort verschieden ausfallen. Der in Reichtum schwelgende, über eine stattliche Flucht von Prachträumen herrschende Schloßbesitzer wird eine andere Anordnung für zweckmäßig finden wie der einfache Mann, der kaum über die allernötigsten Räumlichkeiten für sich und seine Familie verfügt.

In fast allen Prachtwohngebäuden wird man die Küche mit Nebenräumen und die Waschküche an untergeordneter Stelle, meist im Kellergeschoß, antreffen.

Der verwöhnte Besitzer will den ganzen Schwarm dienender Geister möglichst weit von sich weg wissen. Diese Absonderung der Wirtschaftsräume geht unter Umständen so weit, daß die Mahlzeiten mit Speisewärmern zu den Wohnräumen befördert werden müssen, da die Speisen andernfalls eiskalt dort ankommen würden.

Anderseits wird die Frau des kleinen Mannes ihre Räume so gedrängt wie möglich anordnen, um an Weg, Zeit und Kraft zu sparen. Und sie tut gut daran, denn die Anforderungen, welche an eine Hausfrau gestellt werden, wenn sie in einer weitläufig und unzweckmäßig angeordneten Wohnung ohne Beihilfe ihre Familie versorgen muß, sind sehr hoch. Sie sind so hoch, daß nur ein Teil unserer Volksgenossinnen ihnen gerecht zu werden vermag, die Zahl derer, die unter der Last dieser Bürde vorzeitig zusammenbricht, ist nicht gering.

Unter dem Druck der wirtschaftlichen Verhältnisse hat die Zahl der dienstbotenlosen Haushaltungen in Deutschland bedeutend zugenommen. Haushaltungen, die früher über zwei Dienstboten verfügten, müssen sich heute mit einem begnügen usw. Einer Gegenüberstellung auf der Ausstellung Heim und Technik in München ist zu entnehmen, daß die Zahl der beihilfelosen Haushaltungen gegen das Jahr 1914 um 33% gestiegeu ist.

Aus diesen Zahlen geht hervor, daß alle beteiligten Kreise mehr als je ihr Hauptaugenmerk auf zweckmäßige Ausgestaltung der kleineren Wohnungen legen müssen. Der Hauptteil des Volkes wohnt in solchen. Bei diesen kleinen Wohnungen muß aber größte Zweckmäßigkeit oberster Leitgedanke sein, wenn die Lebensbedingungen erträglich sein sollen.

In der Zeit vor dem Krieg ist auf zweckmäßige Lage der Räume zueinander nicht allzuviel geachtet worden.

Für die Anordnung waren meist andere Gesichtspunkte maßgebend: bei Miethäusern möglichst vorteilhafte Grundrißausnützung des Mietpreises wegen, geringe Baukosten beim Einfamilienhaus, architektonische und künstlerische Gesichtspunkte oder Sonderwünsche des Bauherrn, die häufig alles andere als zweckmäßig waren und leider auch heute zum Teil noch sind.

Die Einteilung der Wohnungen und die gegenseitige Anordnung der Räume lediglich nach deren Zweck vorzunehmen, dazu hat man sich bei uns erst vor kurzem aufgerafft.

Bekanntlich war Bruno Taut der erste, der in seinem Werk „Die neue Wohnung" den Grundsatz „strengste Sachlichkeit" vertrat, und die Ausstellung „Die neue Wohnung Stuttgart" 1927 hat dann als erste diesen Gedanken in ausgedehntem Maß in die Tat umzusetzen versucht.

Das ist nun gar keine so leichte Aufgabe. Die Gesichtspunkte, welche zur Erreichung des angestrebten Ziels berücksichtigt werden müssen, sind mannigfacher Natur, dazu kommt, wie bereits erwähnt, daß der Begriff zweckmäßig nicht eindeutig bestimmt ist. Es wird dem einen etwas zweckmäßig erscheinen, was ein anderer für unzweckmäßig hält und umgekehrt.

b) Lage der Küche.

Bei dem wesentlichsten Wirtschaftsraum der Wohnung, der Küche, steht ziemlich fest, daß ihre Lage unmittelbar neben dem Eßzimmer die günstigste ist, weil dann die Hausfrau beim Auftragen der Speisen nicht soweit zu laufen hat. Auch kann sie diesen Raum, falls er für den Aufenthalt der Kinder dient, von der Küche aus am besten überwachen.

Im dienstbotenlosen Haushalt ist diese Lage auch vom psychologischen Standpunkt aus die beste.

Die gemeinsamen Mahlzeiten sollen den Ruhepunkt in der Hast des Alltags bilden. Und was wird daraus, wenn die Küche vom Eßzimmer vollkommen abgetrennt ist? Die Hausfrau ist dauernd in der Küche oder auf dem Weg zwischen dieser und dem Eßzimmer. Das fortgesetzte Hin- und Herlaufen zerstört jede gemütliche Stimmung. Zudem ist es ein peinliches Gefühl für die Familie, allein am Tisch zu sitzen und zusehen zu müssen, wie sich die Hausfrau und Mutter abzappelt und sich dadurch um den schönsten Lohn ihrer Mühe bringt.

Auch geben die fortgesetzt eintretenden Pausen Gelegenheit zu allerhand unliebsamen Auseinandersetzungen, denn hungrige Menschen neigen bekanntlich zur Gereiztheit.

Trotzdem gibt es auch heute noch eine ganze Reihe von Architekten und Bauherrn, welche von dieser Anordnung nichts wissen wollen, sondern die Küche möglichst weit weg vom Eß- und Wohnzimmer verlegen; ihrer Ansicht nach wird dieser Raum durch die allzugroße Nähe der Küche entweiht, durch das Geklapper des Geschirrs, durch die unliebsame Nähe der Dienstboten und durch den Geruch des Essens und der Kochdünste, die allenfalls in den Wohnraum eindringen können.

Dies hat auch bei kleineren Bauten zur Verdammung der Küche nach dem Kellergeschoß geführt, wo sie im Verein mit der Waschküche ein ruhmloses Aschenbrödeldasein führte und teilweise heute noch führt.

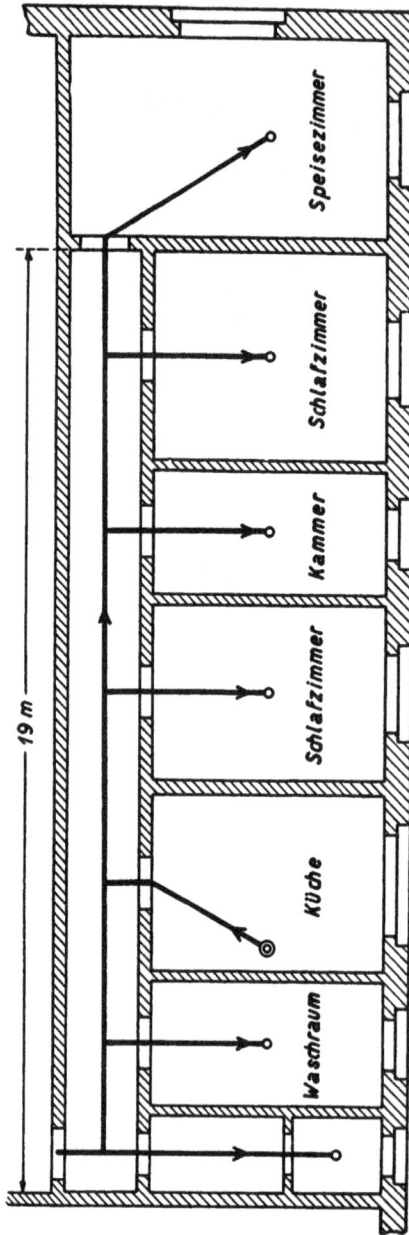

Abb. 1. Unzweckmäßige Anordnung der Räume. Eßzimmer von der Küche weit entfernt.

Trotz der teilweise berechtigten Einwendungen hat sich in Amerika und England die Anordnung der Küche neben dem Eßzimmer fast

restlos durchgesetzt. Auch bei uns ist der Wunsch nach Ersparnis an
Weg und Zeit heute so mächtig, daß zahlreiche Einfamilienhäuser der
Vorkriegszeit mit ungünstiger Lage der Küche umgebaut worden sind.
Architekten und Baugenossenschaften haben die Erfahrung gesammelt,
daß neue Bauten mit ungünstiger Lage der Wirtschaftsräume schwer
verkäuflich waren und geändert werden mußten.

Die Ersparnisse an Weg, Zeit und Kraft, welche durch zweckmäßige
Anordnung der Räume erzielt werden können, sind viel erheblicher als
allgemein angenommen wird.

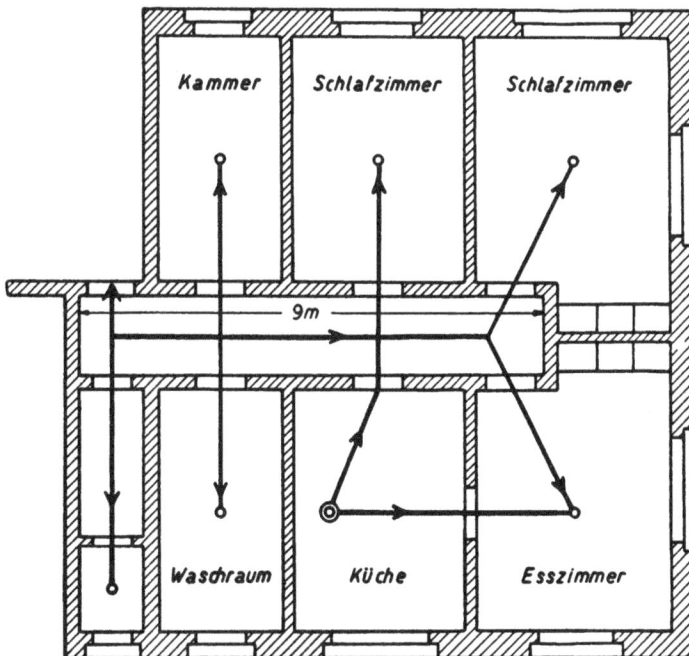

Abb. 2. Zweckmäßige Anordnung der Räume. Eßzimmer neben der Küche.

Auf den Abb. 1 u. 2 sind zwei Grenzfälle gegenübergestellt. Gewählt ist eine etwas größere Wohnung, bestehend aus 3 Zimmern mit
getrennter Küche, Wohnkammer sowie Bad mit Waschraum und kleiner
Kammer vor dem Abort. Wohnfläche insgesamt 138 m².

Auf Abb. 1 sind sämtliche Räume in einer Flucht angeordnet,
Küche und Waschraum liegen nebeneinander, das Eßzimmer befindet
sich in großer Entfernung davon. Fordert man Zugänglichkeit sämtlicher Räume vom Gang aus, so kommt man zu der erheblichen Gang-
länge von 19 m, die das Entzücken jeder Hausfrau bildet. Der Gang
allein besitzt eine Fläche von 28,5 m², die als Wohnfläche nicht angesehen werden kann. Das Verhältnis zwischen Wohnfläche und Gesamt-

fläche der Wohnung ist deshalb ziemlich ungünstig = 80%. 20% der gesamten Wohnfläche entfallen auf den Gang. Man darf durchaus nicht glauben, daß es solche Wohnungen nicht gibt. In Herrschaftshäusern mit einer Flucht von 8—10 Räumen kommen noch viel ungünstigere Fälle vor.

Der Weg vom Küchenherd bis zum Eßtisch in der Mitte des Speisezimmers beträgt etwa 21 m. Der Weg bis zur Eingangstüre 8 m, die Wege nach den übrigen Räumen schwanken zwischen 8 und 19 m. Nimmt man an, daß der Weg von der Küche zur Eingangstüre im Tag 50 mal, der Weg zum Eßzimmer 30 mal, die übrigen Wege 10 mal zurückzulegen sind, so ergibt sich eine jährlich zurückgelegte Wegstrecke von nicht weniger als 1200 km. Das entspricht der Eisenbahnstrecke von München bis London oder von Berlin bis Rom.

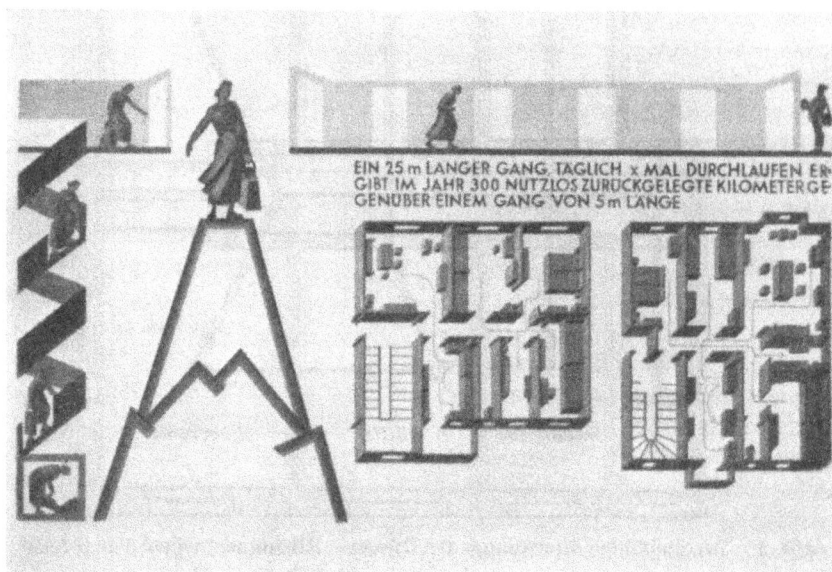

Abb. 3. Unnütze Wege im Haus und ihre Auswirkung hinsichtlich des Zeit- und Kraftaufwandes. (Ausstellung Heim und Technik.)

Dabei ist aber die Lage der Räume auf der Abb. 1 noch gar nicht so ungünstig. Sie liegen wenigstens in einem Stockwerk. Befindet sich die Küche im Keller, das Eßzimmer im Erdgeschoß und die Schlafräume im ersten Stock, so ergeben sich noch viel ungünstigere Zahlen.

100 mal im Tag muß dann die Hausfrau die Treppe auf und ablaufen, und es kommen an zurückgelegten Wegstrecken und überwundenen Höhenunterschieden Werte heraus, die einer vielmaligen jährlichen Besteigung der Zugspitze gleichkommen. Auf Abb. 3 sind die

verschiedenen Möglichkeiten der Zeit- und Kraftverschwendung durch
unnütze Wege im Haus zusammengestellt.

Auf Abb. 2 sind dieselben Räume auf beiden Seiten des Ganges
angeordnet, wodurch dessen Länge auf 9 m zusammenschrumpft. Das
Verhältnis zwischen Wohnfläche und Gesamtfläche steigt dadurch auf
89%. Das Eßzimmer liegt neben der Küche und ist von diesem aus
unmittelbar zugänglich. Der Weg zwischen Küchenherd und Eßtisch
vermindert sich von 21 auf 9 m. Die Anordnung des Bades und der
übrigen Räume zueinander ist gleich geblieben. Die Küche befindet
sich an ihrer günstigsten Stelle, nämlich im Mittelpunkt der Wohnung.
Die jährliche Wegstrecke sinkt auf etwa 700 km, die Ersparnis beträgt 500 km.

Will man die Wegstrecke, welche durch unzweckmäßige Raum-
anordnung entsteht in die vergeudete Zeit umrechnen, so muß man
berücksichtigen, daß dieser Weg keinen Spaziergang im gewohnten Sinn
darstellt. Das häufige Biegen um die Ecken, das Durchschlängeln
durch die oft engen und ungünstig angeordneten oder sich in falscher
Richtung öffnenden Türen erfordert erhöhte Aufmerksamkeit; das
wiederholte Anhalten nach kurzen Wegstrecken und das Wenden des
Körpers bedingt erhöhten Kraftaufwand.

Man bringt es aus diesen Gründen zu keiner höheren Geschwindigkeit als 2 bis allerhöchstens 2,5 km in der Stunde je nach Anordnung der
Räume und Stellung der Möbel.

Die unnötig zurückgelegte Wegstrecke von 500 km des Beispiels
auf Abb. 1 bedeutet demnach 200 bis 250 vergeudete Stunden oder
20 Arbeitstage, die besser zur Erholung in frischer Luft verwendet
werden.

Einen Ersatz für diesen Spaziergang in der freien Luft bietet das
Herumlaufen in der oft staubgeschwängerten und vom Straßenlärm
erschütterten Großstadtluft nicht. Die Art der Bewegung ist auch nicht
besonders günstig für den Organismus wegen des Mißverhältnisses
zwischen Muskelbeanspruchung und Durchblutung bei der geringen
erreichbaren Geschwindigkeit. Das viele Gehen und Stehen führt zu
rascher Ermüdung und im Laufe der Jahre unfehlbar zu Erkrankungen:
Schleimbeutelentzündung an den Knien, Senkfuß, Spreizfuß, Unterleibs-
leiden usw. sind die verderblichen Folgen dieser unzweckmäßigen
Bewegungsart.

Die nachstehenden Abbildungen bringen eine Reihe zweckmäßiger
Anordnungen von Kleinwohnungen aus der letzten Zeit.

Auf der Ausstellung amerikanischer Bauweisen, die 1925 in München
tagte, waren u. a. auch die Grundrisse von einigen hundert Wohnungen
zu sehen. Bei mindestens 95% derselben war die Küche neben dem
Speisezimmer angeordnet. Höchstens war eine Abweichung von dieser
Lage insofern getroffen, als das Speisezimmer der Küche gegenüber lag.

Der dazwischen befindliche schmale Gang fällt dabei nicht allzusehr behindernd ins Gewicht. Vorzuziehen ist aber auf alle Fälle die Lage unmittelbar neben dem Eßzimmer, denn die Notwendigkeit, zwei Türen öffnen zu müssen, lassen die Anordnung gegenüber dem Wohnraum nicht so günstig erscheinen.

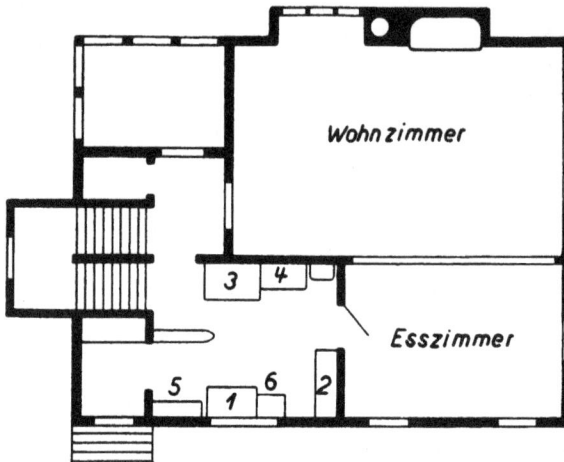

Abb. 4. Erdgeschoßgrundriß eines amerikanischen Einfamilienhauses. Küche unmittelbar neben Eßzimmer. *1* Tisch, *2* Küchenschrank, *3* Herd, *4* Spültisch, *5* Vorratsschrank, *6* Eisschrank.

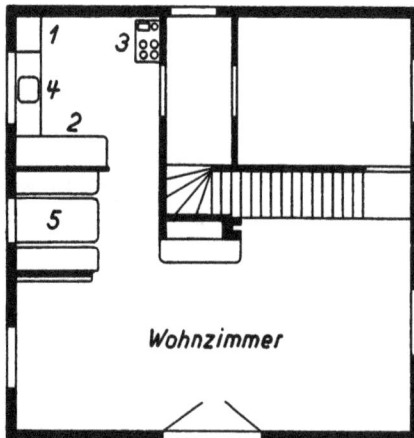

Abb. 5. Erdgeschoßgrundriß eines amerikanischen Einfamilienhauses. Küche vom Eßzimmer durch den Frühstücksraum getrennt.
1 Tisch, *2* Küchenschrank, *3* Herd, *4* Spültisch, *5* Frühstücksnische.

Die Abb. 4 u. 5 zeigen solche Wohnungen, deren Grundrißanordnung für Amerika typisch ist. Bei der Wohnung auf Abb. 4 liegen Küche und Speisezimmer unmittelbar nebeneinander, auf Abb. 5 sind sie durch den Frühstücksraum voneinander getrennt.

Dieser besondere Frühstücksraum unmittelbar neben der Küche ist sehr häufig anzutreffen. Er zeigt, wie eilig es der geschäftige Amerikaner des Morgens hat. Aber in der Küche selbst will er doch nicht frühstücken. Auffallend an diesem Grundriß ist ein gewisses Mißverhältnis zwischen der Größe der Küche und der des Eßzimmers. Die Küche hat eine Bodenfläche von nur 7,5 m², während das Eßzimmer 35 m² mißt ohne Einrechnung der Frühstücksnische. Über die Zulänglichkeit bzw. Unzulänglichkeit dieses Ausmaßes von 7,5 m² für die Küche wird später noch zu sprechen sein. Bei der Wohnung auf Abb. 4 ist das Verhältnis zwischen den Wohnräumen und der Küche zwar ebenso ungünstig, aber die Küche hat hier 17 m² Grundfläche, reicht demnach auch für eine größere Familie aus, was bei einer Fläche von 7,5 m² nicht der Fall ist.

Die Abb. 6 und 7 zeigen Musterwohnungen der Reichsforschungsgesellschaft für Wirtschaftlichkeit im Bau- und Wohnungswesen auf der Ausstellung „Die Ernährung" in Berlin 1928.

Bei der Wohnung auf Abb. 6 ist die Küche neben dem Eß- und Wohnzimmer angeordnet. Das Ausmaß der Küche mit 7,6 m² steht einigermaßen im richtigen Verhältnis zur gesamten Wohnfläche von 58 m².

Das gleiche gilt für die Küche (Abb. 7). Bei ebenfalls 58 m² gesamter Wohnfläche hat sie 9,0 m² Grundfläche. Die Küche liegt hier dem Wohnraum unmittelbar gegenüber, nur durch den schmalen Gang von diesem getrennt.

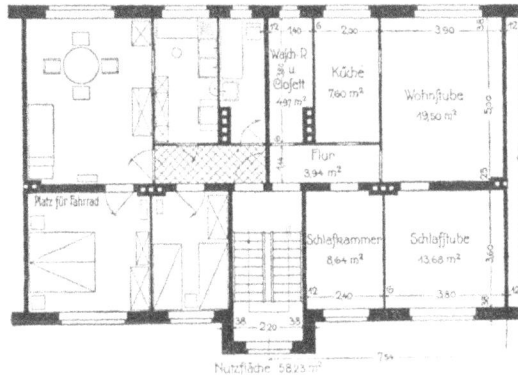

Abb. 6. Wohnung der Reichsforschungsgesellschaft. Wohnfläche 58,23 m². Wohnraum und Waschraum neben der Küche. (Küche *D*.)

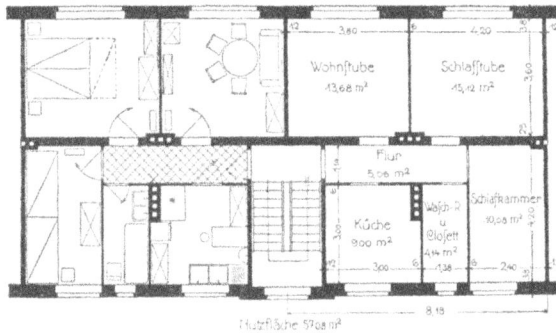

Abb. 7. Wohnung der Reichsforschungsgesellschaft für Wirtschaftlichkeit im Bau- und Wohnungswesen. Wohnfläche 57,08 m². Wohnraum gegenüber, Waschraum neben der Küche. (Küche *E*.)

Auch die 22 Musterwohnungen auf der Ausstellung „Heim und Technik" in München wiesen in vorwiegendem Maß eine der beiden Anordnungen auf. Eine zweckmäßige Lösung auch in bezug auf die Größenverhältnisse der einzelnen Räume (Küche 12 m² bei 65 m² Gesamtwohnfläche) zeigt Abb. 8. Die Küche liegt zwar schräg gegenüber dem Wohnzimmer, doch tritt der größere Weg hier weniger störend in die Erscheinung, da die Küche auch als Wohnküche benutzt werden kann.

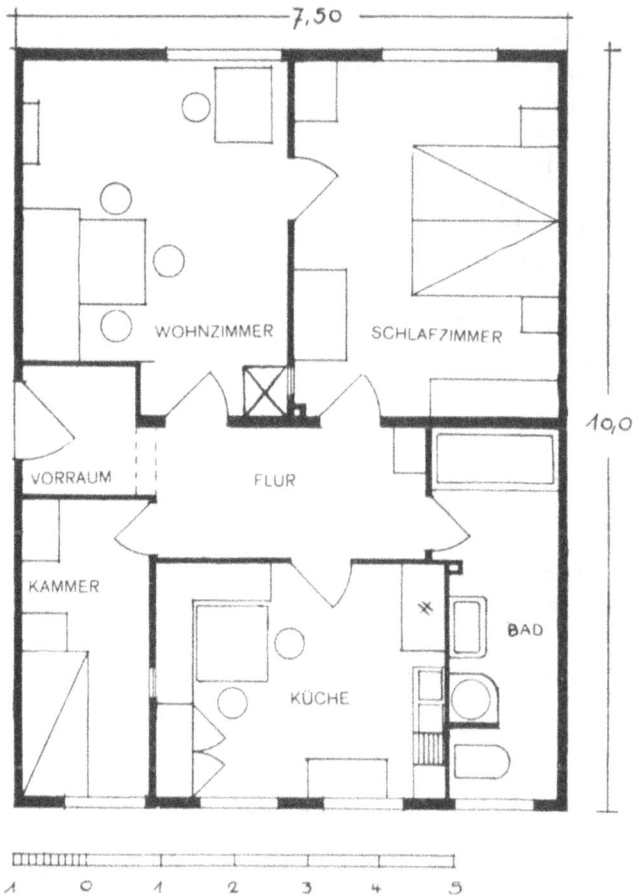

Abb. 8. Wohnung mit Wohnküche auf der Ausstellung Heim und Technik.
Architekt Landesbaurat Dr. Weng. Wohnraum gegenüber der Küche.
(Aus „Die kleine Wohnung", Verlag Callwey, München.)

Der Entwurf des Verfassers (Abb. 9) sieht ebenfalls die Küche neben dem Wohnzimmer vor. Als Verbindung zwischen beiden ist eine zweiflügelige Drehtüre vorgesehen. Die Küche führt den Namen „Egriküche" (Egri das ist „Ein Griff"). In der vorstehenden Ausführung als Kleinküche enthält sie bei 8,4 m² Grundfläche alle erforderlichen Einrichtungen und Gerätschaften. Trotzdem bleibt ausreichend freier Raum in der Mitte der Küche. Näheres über die Durchbildung folgt in den Abschnitten B a und III E.

Zur Abhaltung des Küchendunstes ist die unmittelbare Verbindung von Eßraum und Küche manchmal ersetzt durch die Durchreiche.

Diese Anordnung ist jedoch nicht sonderlich vorteilhaft. Beim Auftragen der Speisen müssen diese zuerst auf die Durchreiche gestellt
werden, dann muß die Hausfrau ins Eßzimmer gehen und dort die
Speisen von der Durchreiche wieder wegnehmen. Dieses Verfahren ist
umständlich und zeitraubend, besonders wenn es sich um Getränke
handelt, die dabei leicht verschüttet werden.

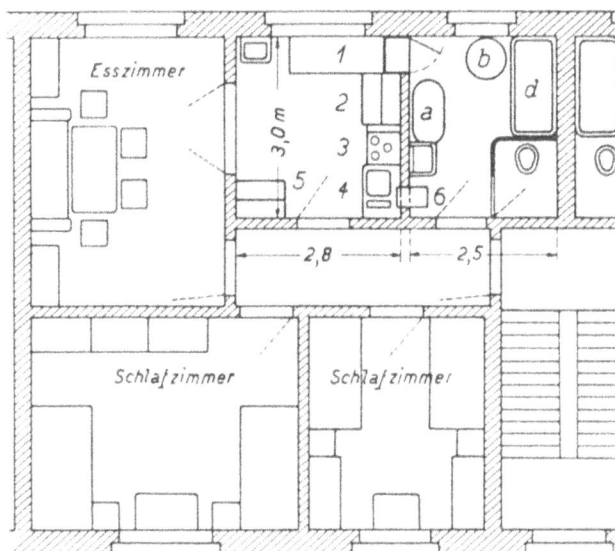

Abb. 9. Wohnungsgrundriß mit Egrikleinküche, Wohnraum und Waschraum
neben der Küche. Wohnfläche 60 m².
1 Tisch, *2* Kochvorbereitungsplatz, *3* Herd, *4* Spüle, *5* Anrichte, *6* Backrohr,
a Einweichwanne, *b* Waschkessel, *d* Badewanne.

Zwischen Küche und Eßzimmer ist manchmal noch ein Raum zu
finden, dessen Daseinsberechtigung bestritten werden muß, die Spüle.
Sie hat den Zweck, die etwas unsaubere und lärmende Beschäftigung
des Geschirrspülens vom eigentlichen Küchenbetrieb abzutrennen. In
gewerbsmäßigen Betrieben, Pensionen, Hotels usw. hat sie zweifellos
ihre Berechtigung, beim Familienhaushalt muß diese aber bestritten
werden. Auch bei der günstigsten Anordnung der Spüleinrichtung zur
Türe nach der Küche und von hier zum Geschirrschrank werden unnütze Wege von nicht unbeträchtlicher Länge geschaffen.

Noch ungünstiger wird die Anordnung, wenn die Spüle mit dem
Eßzimmer und der Küche nicht durch Türen, sondern zunächst nur
mittels einer Durchreiche verbunden ist. Hier gilt das über die Durchreiche zwischen Eßzimmer und Küche Gesagte doppelt. Das Geschirr
muß 8mal in die Hand genommen bzw. abgelegt werden, bis es vom
Eßtisch über die Spüle in den Geschirrschrank gelangt. Es geht dabei

nicht nur Weg und Zeit verloren, auch die Bruchgefahr wird nicht unwesentlich erhöht.

Abb. 10 läßt die Nachteile der eigenen Spüle zwischen Küche und
Eßzimmer deutlich erkennen. Die Anordnung ist einem Einfamilienhaus auf einer der letztjährigen Ausstellungen entnommen. Um das
Geschirr vom Eßtisch über die Spüle nach dem Speiseschrank zu bringen,
muß die Hausfrau einen Weg von nicht weniger als 22 m zurücklegen.

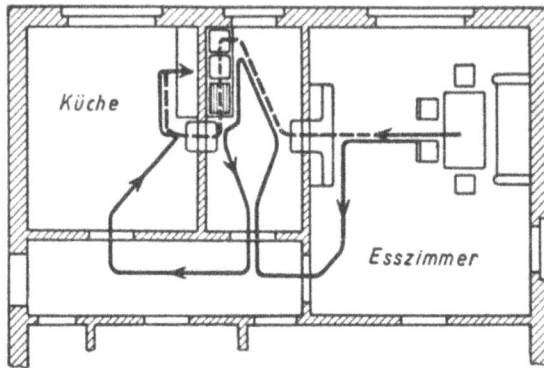

Abb. 10. Küche und Eßzimmer durch die Spüle getrennt.
———— Weg der Hausfrau (22 m),
– – – – Weg des Geschirrs (11 m).

Das Geschirr muß 11 m weit getragen werden, wobei es 4 mal in die
Hand genommen und ebensooft wieder abgestellt werden muß. Dabei
beträgt die Entfernung des Eßtisches vom Geschirrschrank nur 6 m.
Der Weg beim Auftragen der Speisen ist ebenfalls dreimal so lang als
er bei Weglassung der Spüle sein würde.

c) Lage des Waschraumes.

Im Gegensatz zur Küche hat sich die Lage des Waschraumes bzw.
der Waschgelegenheit noch nicht so eindeutig durchgesetzt.

Nur vom Standpunkt der Zweckmäßigkeit aus betrachtet, ist die
Lage unmittelbar neben dem Schlafzimmer oder bei mehreren Schlafzimmern zwischen diesen die günstigste. Sie ist daher besonders in
Amerika häufig zu finden und wird auch von fast allen Architekten
gefordert.

Entstanden ist dieser Wunsch aus der bisher fast allgemein üblichen
Anbringung der Waschgelegenheiten in den Schlafräumen selbst, die natürlich die bequemste ist. Sie muß jedoch als verfehlt betrachtet werden.

Der Schlafraum soll nach übereinstimmender Ansicht aller Ärzte
kühl sein. „Möglichst bei offenem Fenster schlafen auch im Winter"

lautet die Forderung. Befindet sich die Waschgelegenheit im Schlafraum selbst, so hat man das zweifelhafte Vergnügen, sich in dem kalten
Zimmer waschen zu müssen. Die Waschgelegenheit gehört daher vom
Schlafraum abgetrennt und in einem Raum untergebracht, der die Nacht
über geheizt werden kann, wobei natürlich dessen Lage neben bzw.
zwischen den Schlafzimmern rein örtlich der günstigste ist. Sie besitzt
aber leider den Nachteil der Kostspieligkeit wegen des größeren Aufwandes für die Zu- und Ableitungen. Die Kosten hierfür dürfen bei
einer neuzeitlich eingerichteten Wohnung durchaus nicht unterschätzt
werden.

Sowohl in der Küche als auch im Wasch- und Baderaum einer solchen Wohnung sind folgende Leitungen notwendig:

    a) die Kaltwasserzuleitung,
    b) die Heißwasserzuleitung,
    c) die Gasleitung,
    d) die elektrische Kraftleitung,
    e) die elektrische Lichtleitung,
    f) die Wasserabflußleitung,
    g) die Rauch- bzw. Gasabzugleitung (bei elektr. Heißwasser-
       erzeugung und Zentralheizung in Küche und Waschraum fällt
       diese Leitung weg).

Das sind sieben verschiedene Leitungen, deren Verlegung nicht
unerhebliche Mittel erfordert, besonders wenn sie verdeckt in der
Wand bzw. der Decke verlegt werden sollen.

Werden die Leitungen offen auf der Wand angebracht, so machen
sie einen recht unschönen Eindruck, besonders die Abflußleitungen.
Auch erfordern sie Platz.

Wird das heiße Wasser mit Gas oder elektrischem Strom erzeugt,
was wohl heute in vorwiegendem Maß der Fall sein wird, so kommt als
weitere Verteuerung der Wärmeverlust in der Zuleitung in Frage.

Die Wärmeverluste durch Abstrahlung bzw. Ableitung spielen
dabei weniger eine Rolle, wohl aber der Umstand, daß die ganze in der
Zuleitung befindliche Wassermenge einschließlich der Rohrleitung unnütz erwärmt werden muß, wenn die Wasserentnahme nicht dauernd
oder sehr rasch hintereinander erfolgt. Der Umstand, daß man das
kalte Wasser erst weglaufen lassen muß, bis man warmes erhält, wirkt
besonders bei der Entnahme geringer Wassermengen störend.

Die Kosten für die unnütze Erwärmung des Rohrinhaltes und die
damit zusammenhängenden Wärmeverluste in der Rohrleitung selbst
sind durchaus nicht so unerheblich wie meist angenommen wird. Sie
lassen sich dadurch vermindern, daß man sowohl in der Küche als auch
im Waschraum je einen Heißwassererzeuger aufstellt, was jedoch in
den meisten Fällen noch teurer kommt wie die längere Zuleitung.

Welchen Einfluß die Länge der Rohrleitungen auf die Anlage-kosten ausübt, geht aus den nachstehenden Berechnungen hervor. Es sind drei verschiedene Fälle der Warmwasserversorgung gegenüber-gestellt.

Bei der Jahreskostenberechnung A (Zahlentafel 3) ist angenommen, daß sich der Waschraum in der auf Abb. 1 dargestellten Wohnung un-mittelbar neben der Küche befindet, bei der Kostenberechnung B ist er zwischen den Schlafzimmern liegend angenommen, bei Berechnung C ist getrennte Heißwassererzeugung vorgesehen.

Zahlentafel 3.
Vergleich der Kosten für Heißwassererzeugung bei verschiedener Lage des Waschraums.

Nr,	Vortrag		A Wasch-raum neben Küche	B Waschraum 10 m von Küche entfernt gemeinsame Heißwasser-erzeugung	C Waschraum 10 m von Küche entfernt getrennte Heißwasser-erzeugung
1	Anlagekosten für Heißwassererzeuger und Rohrleitungen einschl. Verlegung ohne sonst. Einrichtungen, wie Wanne, Wasch-gefäße, Hähne usw.	RM.	475,00	750,00	770,00
2	7% Verzinsung	RM.	33,50	52,50	53,50
3	Erneuerungsrücklage bei 15 Jahren Lebensdauer	RM.	19,00	30,00	31,00
4	Unterhalt	RM.	9,50	15,00	15,50
5	Jährlich benötigte Heißwassermenge (Temp. 55°)	m³	40	40	40
6	Wirkungsgrad der Heißwassererzeu-gung im Mittel	%	80	65	75
7	Jährlicher Gasverbrauch	m³	610	743	650
8	Jährliche Kosten für Gas (je m³ = 0,15 RM.)	RM.	91,50	118,00	97,50
9	Zählermiete	RM.	12,50	12,50	12,50
10	Jährl. Gesamtkosten	RM.	166,00	228,00	210,00

Die jährlichen Kosten einer Anlage setzen sich wie folgt zusammen:

Aus dem Zinsentgang. Bei Wirtschaftlichkeitsberechnungen wird gewöhnlich ein Betrag für Verzinsung des Anlagekapitals eingesetzt, fußend auf der Annahme, daß ihr Besitzer sich das zur Beschaffung nötige Geld von einer Bank ausleihen muß. Für Einrichtungen des Hauses selbst wird das im allgemeinen zutreffen, nicht aber für die vom Wohnungsinhaber zu beschaffenden Einrichtungen. Für diese dürfte richtiger ein Betrag für Zinsentgang einzusetzen sein, den der Besitzer dadurch erleidet, daß er das Geld nicht auf die Bank legt, sondern sich die Einrichtung oder den Gebrauchsgegenstand dafür beschafft.

Nach den heutigen Verhältnissen ist hierfür ein Betrag von 7% angemessen. Inländische festverzinsliche Papiere bringen zwar heute 8%.

Davon sind jedoch mindestens 10% für Steuern sowie 2% für Verwaltungskosten, Risiko usw. in Abzug zu bringen.

Als weiterer Jahresbetrag sind die Erneuerungskosten einzusetzen, das ist jener Betrag, den der sorgsame Hausvater jährlich auf die Bank legen muß, damit er nach Unbrauchbarwerden der Einrichtung in der Lage ist, sich eine neue zu beschaffen.

Als weitere Beträge erscheinen dann die Kosten für Reparaturen, die erforderlich sind, um die Anlage oder den Einrichtungsgegenstand ordnungsgemäß in Betrieb zu halten, die Kosten der allenfalls hierfür aufzuwendenden Stoffe, Kosten für Betriebsstoffe wie Gas, elektr. Strom usw. und endlich Kosten für Bedienung.

Die Zusammensetzung der jährlich anfallenden Kostenanteile ist im vorstehenden Fall deshalb etwas genauer angegeben, weil gerade bei Einrichtungen des Haushaltes von den Erzeugern manchmal unvollständige Kostenberechnungen aufgestellt werden, um irgendeinen Gegenstand oder eine Anlage in günstigerem Licht erscheinen zu lassen. Meistens fehlt der Betrag für Zinsentgang, unter gänzlicher Außerachtlassung des Umstandes, daß der Käufer doch Zinsen erhält, wenn er das Geld auf die Bank legt.

Die Gegenüberstellung ergibt die höchsten Jahreskosten im Fall B sodaß es sich hier bereits lohnen würde, im Waschraum einen eigenen Heißwassererzeuger aufzustellen, obwohl die beiden Räume nur 10 m voneinander entfernt sind. Zu den geldlichen Nachteilen infolge verwickelter und langer Leitungsanlagen bei größerer Entfernung zwischen Küche und Waschraum treten unter Umständen noch einige bauliche und architektonische Schwierigkeiten, wie ungünstige Fensteranordnung usw.

Auch die Architekten gehen daher besonders bei kleineren Wohnungen mehr und mehr dazu über, den Waschraum unmittelbar neben der Küche anzuordnen.

Bei den sechs Wohnungen der Reichsforschungsgesellschaft, die auf der Ernährungsausstellung in Berlin 1928 zu sehen waren, lagen die Waschräume sämtlich neben der Küche. Auch bei 16 von den 22 Wohnungen auf der Ausstellung Heim und Technik war dies der Fall.

Der Entwurf des Verfassers, Abb. 9 und 11, sieht ebenfalls den Waschraum neben der Küche vor. Er enthält gleichzeitig auch die Einrichtungen zur Reinigung der Wäsche.

Verfehlt ist die wiederholt vorgeschlagene Anordnung des Waschraumes zwischen dem Eßzimmer und der Küche, da die unmittelbare Verbindung der beiden Räume hierdurch verlorengeht.

d) Lage der Waschküche.

Die Waschküche hat bisher in noch viel höherem Maß wie die Küche zur Bereitung der Speisen ein Aschenbrödeldasein geführt. Nicht nur

2*

im Einfamilienhaus, sondern auch in den Miethäusern befand sie sich meistens im Keller. Es ist dies der ungünstigste Platz, weil sowohl zum Trockenspeicher wie auch zum Trockenplatz im Freien ein Höhen-unterschied überwunden werden muß. Günstiger ist schon die Unter-bringung in einem Gebäude oder einem Anbau in der Nähe des Trocken-platzes im Freien. Vorzuziehen ist jedoch die Lage auf dem Speicher unter der Voraussetzung, daß sich dort auch eine tatsächlich benütz-bare Trockengelegenheit befindet. Am bequemsten ist natürlich die Unterbringung in der Wohnung selbst, und man ist zu dieser Anordnung in der letzten Zeit auch mehrfach übergegangen.

Auf der Ausstellung „Die neue Wohnung" in Stuttgart 1927 waren einige Einfamilienhäuser zu sehen, bei welchen die Waschküche sich im ersten Stock befand (z. B. Entwurf Prof. Gropius, Berlin und Prof. Rading, Breslau). Sie diente in beiden Bauten gleichzeitig als Plättraum, oder Aufbewahrungsraum. Auch als Bastelstube könnte sie zur Not verwendet werden.

Die Waschküche wird von allen Räumen der Wohnung am wenig-sten benutzt, es ist deshalb auch nicht vertretbar, einen eigenen Raum hierfür vorzusehen. Man vereinigt sie am besten mit dem Wasch- und Baderaum. Diese Anordnung ist günstiger wie die Vereinigung des Wasch- und Baderaumes mit dem Abort, wie sie neuerdings häufig zu finden ist. Das W.C. sollte stets abgetrennt werden und wenn es auch nur durch eine Holzwand ist.

Manchen Architekten und Bauherrn, auch manche Hausfrau er-greift bleiches Entsetzen, wenn sie von einer Verbindung von Baderaum und Waschküche hört.

Freilich darf diese Waschküche nicht so aussehen, wie man sie sich schlechterdings vorstellt, erfüllt von Wasserdampf, daß man die Hand nicht vor den Augen sieht, der Boden ein See, den man nur auf Lattenrosten mühsam durchschreiten kann.

Die neuzeitliche Waschküche ist so eingerichtet, daß kaum ein Trop-fen Wasser auf den Boden kommt. Die Vereinigung mit dem Wasch-raum bringt neben der Verminderung der Baukosten nicht unerhebliche Ersparnisse bei den Leitungsanlagen, da deren gesonderte Verlegung nach der Waschküche entfällt.

Ein weiterer wesentlicher Vorteil liegt in der Mitbenützung des Heißwassererzeugers für Waschzwecke. Gewöhnlich wird in der Wasch-küche das heiße Wasser im Waschkessel erzeugt. Dessen Wirkungsgrad ist aber um 10—20% geringer als der eines besonderen Heißwasser-erzeugers, so daß auch hier Ersparnisse zu erzielen sind.

Dem Umstand Rechnung tragend, daß die Wascheinrichtungen verhältnismäßig wenig benützt werden, sind in neuerbauten Siede-lungen Gemeinschaftswaschküchen mit Maschinen und sonstigen Ein-richtungen vorgesehen worden.

Diese Einrichtungen erfüllen ihren Zweck im allgemeinen nur dann, wenn die Bedienung durch eine eigene Person, z. B. den Hausmeister, erfolgt. Wird sie den einzelnen Mietparteien überlassen, so ist mit unverhältnismäßig raschem Verschleiß der Einrichtungen und häufigen Störungen zu rechnen. Es hängt das zusammen mit der recht häufig anzutreffenden Eigenschaft des Menschen, auf Dinge, die ihm nicht gehören, viel weniger zu achten als auf seine eigenen.

e) Lage der Speisekammer.

Es wäre nun noch des letzten Wirtschaftsraumes, der Speisekammer, zu gedenken.

So nützlich ihr Vorhandensein ist, so schwer ist es meistens, sie an geeigneter Stelle in der Wohnung ohne Raumverschwendung unterzubringen. Um ihren Zweck restlos zu erfüllen, muß sie sich in unmittelbarer Nähe der Küche befinden. Auf der einen Seite der Küche liegt jedoch schon das Speisezimmer, auf der andern Seite der Waschraum. Es bleibt also nur die Anordnung gegenüber der Küche. Bei dieser Lage gibt es jedoch meist Schwierigkeiten hinsichtlich der Grundrißeinteilung und der Himmelsrichtung, da sowohl die Küche als auch die Speisekammer nach der kühlen Seite der Wohnung liegen sollen.

Man hat deshalb bei neueren Wohnbauten recht häufig auf die Speisekammer verzichtet, auch im Hinblick auf den Umstand, daß die Zahl der Dinge die wirklich in einer Speisekammer untergebracht werden sollten, in einem mittleren Haushalt recht gering ist. Den Keller kann sie doch nicht ersetzen und so scheint es günstiger, ganz auf sie zu verzichten und in der Küche selbst eine Kühleinrichtung aufzustellen. Diese braucht ja nicht gerade in einem teuren, maschinell betriebenen Eisschrank zu bestehen. An billigen Kühlmöglichkeiten besteht allerdings heute noch Mangel.

B. Größe der Wirtschaftsräume, innere Ausgestaltung und Anordnung der Einrichtung.

a) Die getrennte Küche.

Das Größenausmaß der Küche wird natürlich durch die gesamte zur Verfügung stehende Wohnfläche maßgeblich beeinflußt. Unter dem Druck der wirtschaftlichen Not ist dieses Ausmaß in der Zeit nach dem Krieg in recht bedenklicher Weise zusammengeschrumpft. Die Räume in den Kleinwohnungen verdienen wohl größtenteils den Ausdruck Zimmer nicht mehr, es sind nur Kammern oder besser gesagt, „Löcher". Für die reine Kochküche hat man früher mindestens 12 m² als notwendig erachtet, heute begnügt man sich mit der Hälfte und noch weniger.

Die Wege in der Küche schrumpfen zwar auf ein Mindestmaß zusammen, dafür muß aber die Hausfrau um so mehr ausweichen, sich umdrehen und durchwinden. Außerdem hat eine zu kleine Küche den Fehler, daß es nicht möglich ist, die zur Bereitung der Speisen erforderlichen Geräte in ausreichender Anzahl und zweckentsprechender Weise unterzubringen. Durch geschickte Anordnung der Möbel und Einrichtungsgegenstände läßt sich zwar vieles erreichen, trotzdem ist eine zu weitgehende Verkleinerung ein Unding.

Die günstigste Gestaltung der Möbel und Einrichtungsgegenstände war in den letzten Jahren ein mit besonderer Aufmerksamkeit bearbeitetes Gebiet. Die große Zahl der vorgeschlagenen Lösungen zeigt indessen, daß eine Abklärung noch nicht erfolgt ist.

Gewiß ist eine starre Vereinheitlichung aller Formen im Wohnungsbau infolge der Verschiedenheit der Anforderungen, Ansichten und Wünsche nicht möglich und auch gar nicht erstrebenswert, aber die Arbeiten in der Küche sind doch überall die gleichen, und es ist daher verwunderlich, daß trotzdem eine so große Zahl verschiedener Lösungen möglich ist oder wenigstens möglich erscheint.

In jeder Küche sind folgende Arbeiten auszuführen:

1. Vorbereitungsarbeiten. Man braucht also einen Kochbereitungsplatz. Hierzu dient meistens der Küchentisch, in dessen Nähe zweckmäßig die Lebensmittel unterzubringen sind, ebenso die zur Vorbereitung des Kochens notwendigen Geschirre. Den Tisch stellt man am besten ans Fenster, der guten Beleuchtung wegen und zur Ausnützung des Platzes am Fenster, den man ja für Schränke nicht benutzen kann. Diese Forderungen sind zweifelsfrei.

2. Das Zubereiten der Speisen. Hierzu braucht man einen Herd. Es ist zunächst ganz gleichgültig, ob das ein Kohlen-, Gas- oder elektrischer Herd ist, er soll auf alle Fälle so stehen, daß man auf ihm möglichst bequem arbeiten kann. Die zum Kochen notwendigen Geschirre und Geräte sollen möglichst nah am Herd untergebracht sein, damit sie schnell und mühelos erreicht werden können. Aus den beiden vorgenannten Forderungen ergibt sich, daß man den Herd keinesfalls in die Ecke stellen soll, wie dies heute meistens noch geschieht.

3. Das Anrichten der Speisen. Zu diesem Zweck braucht man eine Anrichte, die im Notfall wieder der Küchentisch bilden kann. Aber nur im Notfall, denn der Tisch dient ja bereits als Kochvorbereitungsplatz, außerdem wird er als Eßtisch benötigt, wenn die Küche gleichzeitig als Eßzimmer dient.

Es ist also, wenn irgend möglich, eine eigene Anrichte vorzusehen, die wieder möglichst nah am Herd aufgestellt werden soll. Das Geschirr zum Anrichten der Speisen soll ebenfalls in handlicher Nähe der Anrichte aufbewahrt sein.

Diese Forderungen sind ebenfalls in jeder Küche die gleichen.

4. Das Reinigen und Aufräumen des Geschirrs. Hierzu benötigt man eine Spülvorrichtung.

Auch hier ist die Forderung zu erheben, daß sie möglichst nah am Kochvorbereitungsplatz und neben der Anrichte aufgestellt wird.

Trotz dieser Einheitlichkeit der Grundforderungen ist die Zahl der Lösungen noch sehr groß. Es ist dies nur deshalb möglich, weil bei den einzelnen Entwürfen verschiedene der vorstehend aufgestellten Forderungen entweder gar nicht oder doch nur sehr unvollkommen erfüllt sind. Anderseits ist es erfreulich, beobachten zu können, daß der Wunsch nach Verbesserung der Einrichtungen heute allgemein rege geworden ist.

Die Ersparnisse an Weg durch folgerichtige und zweckmäßige Anordnung der Möbel und sonstigen Einrichtungen sind sehr beträchtlich, sodaß es sich schon der Mühe verlohnt, nach günstigen Lösungen zu suchen. Die nachfolgende Gegenüberstellung läßt dies deutlich erkennen.

Auf Abb. 11 ist die „Egriküche" des Verfassers dargestellt, und zwar in der Ausführung als Normalküche. Die Hauptteile der Einrichtung sind dabei in einer Flucht angeordnet. Die Wege werden dadurch sehr kurz.

Der Küchentisch steht am Fenster, rechts davon befindet sich der Kochvorbereitungsplatz, dann folgen der Reihe nach Herd mit Abstellplatz, feste Vorspülwanne und Anrichte.

Um der Hausfrau die Möglichkeit zu geben, im Sitzen abspülen zu können, ist die Nachspülwanne schwenkbar angeordnet. In der Ruhelage hat sie ihren Platz unter dem Herd, in der Arbeitsstellung steht sie senkrecht zur Wandfläche in handlicher Nähe der sitzenden Hausfrau. Die genaue Beschreibung der einzelnen Teile folgt im Abschnitt III.

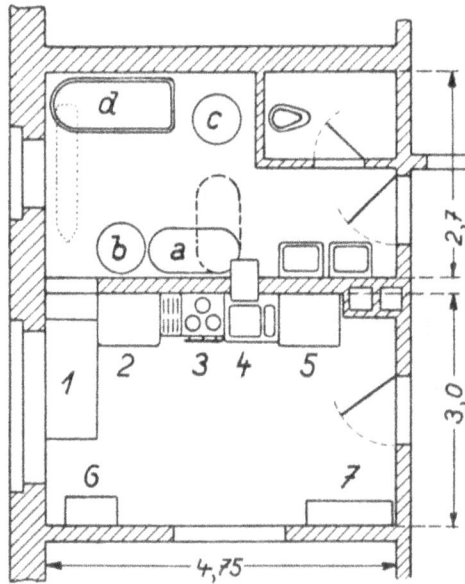

Abb. 11. Günstige Anordnung der Möbel in der Küche.

1 Küchentisch, 2 Kochvorbereitungsplatz, 3 Gasherd, 4 feste Spülwanne, 5 Anrichte, 6 Eisschrank, 7 Vorrats- und Besenschrank, a Einweichwanne, b Waschkessel, c Waschmaschine, d Badewanne.

Dieser Küche gegenübergestellt ist die alte Küche nach Abb. 12. Die letztere stellt eine Anordnung dar, wie sie häufig anzutreffen ist, also keineswegs eine ausgesucht ungünstige. Der Herd steht wie fast immer in der einen Ecke, in der diametral gegenüber liegenden ist der Ausguß angebracht. Der Tisch steht in der Mitte. Er muß in der Mitte stehen, nach Ansicht vieler Hausfrauen.

Die einzelnen Wege, welche bei der Arbeit eines Tages in der Küche zurückgelegt werden, sind auf Zahlentafel 4 zusammengestellt. Sie können nur Mittelwerte sein, die sich je nach der Zusammensetzung der zu bereitenden Mahlzeiten ändern.

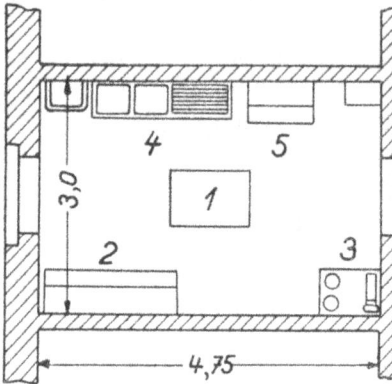

Abb. 12. Ungünstige Anordnung der Möbel in der älteren Küche.
1 Küchentisch, gleichzeitig Kochvorbereitungsplatz, *2* Büfett, *3* Herd, *4* Spültisch, *5* Anrichte.

Bei der alten Küche ergibt sich eine jährliche Weglänge von 580 km, bei der neuzeitlich eingerichteten von 134 km, das ist etwa ein Fünftel.

Man bedenke: 446 km unnütz zurückgelegter Weg in einem verhältnismäßig kleinen Raum von nur 14 m² Grundfläche.

Da man wegen der Kürze der Wegstrecken nur eine Stundengeschwindigkeit von 2 km erreicht, so bedeutet das 223 jährlich vergeudete Arbeitsstunden.

Zahlentafel 4.

Zusammenstellung der täglichen Wege in einer unzweckmäßig und in einer zweckmäßig eingerichteten Küche.

Weg	Alte Küche			Egriküche	
	Weglänge einfach m	wird täglich zurückgelegt mal	tägliche Wegstrecke einfach m	Weglänge einfach m	tägliche Wegstrecke einfach m
Vom Küchenherd zum Wasserhahn . .	5,0	60	300	0,5	30
» » » Geschirrschrank	3,5	40	140	0,7	28
» » » Vorratsschrank .	2,5	30	75	2,2	66
» » » Ausguß	5,0	10	50	1,5	15
» » » Kochvorbereitungsplatz . .	2,0	30	60	0,5	15
» » » Spültisch	2,0	10	20	1,2	12
» Spültisch z. Geschirrschrank . . .	4,5	40	160	0,5	20
Gesamte einfache Weglänge . . .			805		186
Tägliche Weglänge			1610		372
Jährliche »			580 km		134 km

Zu den Anordnungen der Küchenmöbel auf den bereits gebrachten und den nachfolgenden Abbildungen ist kurz folgendes zu bemerken:

Die beiden amerikanischen Küchen auf den Abb. 4 u. 5 sind durchaus nicht sosehr vorteilhaft eingerichtet, wie man es eigentlich erwarten sollte.

Die Küche auf Abb. 5 ist wegen ihrer geringen Ausmaße unvollkommen ausgestattet. Der Herd steht an ungünstiger Stelle in der Ecke, ebenso der Tisch. Dafür befindet sich der Spültisch am Fenster. Besser eingerichtet ist die Küche auf Abb. 4. Der Herd ist hier frei zugänglich. Der Heißwassererzeuger befindet sich unmittelbar daneben. Der Tisch steht am Fenster neben dem Eisschrank. Das Bügelbrett ist zum Hochklappen eingerichtet.

Abb. 6 Küche D. Der Tisch dient als Kochvorbereitungsplatz und ist an günstiger Stelle am Fenster eingebaut. Der Herd steht etwas vereinsamt, er wäre besser mit dem Spültisch vertauscht worden, dann stünde er näher beim Geschirrschrank.

Die Lebensmittel (teilweise in Haarerschütten untergebracht) sind etwas weit vom Kochvorbereitungsplatz entfernt. Es sind zu wenig Unterbringungsmöglichkeiten für Kochgeräte vorhanden. Die Flächen über dem Spültisch und am Herd hätten hierzu ausgenützt werden sollen.

Abb. 7 Küche E. Die Bewegungsmöglichkeit in der Küche ist durch den quer stehenden Arbeitstisch etwas vermindert, er hätte besser am Fenster Platz gefunden. Der Gasherd steht an sehr ungünstiger Stelle eingezwängt zwischen der Grude und dem Vorratsschrank. Auf Abb. 13 ist die Anordnung verbessert, sie befriedigt aber noch nicht ganz bezüglich der Stellung des Gasherdes.

In der Küche auf Abb. 8 steht der Herd ebenfalls in der Ecke. Der Weg zum Geschirrschrank wird dadurch ziemlich groß. Der Tisch steht an günstiger Stelle vor dem Fenster.

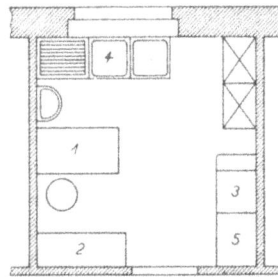

Abb. 13. Verbesserte Anordnung der Möbel in der Küche E des Reichsverbandes für Wirtschaftlichkeit im Bau- und Wohnungswesen.

1 Tisch, 2 Küchenschrank, 3 Herd, 4 Spültisch. 5 Grudeherd.

Die Engländer folgen den kontinentalen und amerikanischen Bestrebungen nach möglichster Raumbeschränkung nicht, sind aber trotzdem bestrebt, die Gegenstände zweckentsprechend anzuordnen.

Zur Abhaltung des Küchendunstes bringen die Engländer den Kochherd mit den sonstigen mit Gas oder Kohlen betriebenen Einrichtungen, Heißwassererzeuger, Heizöfen usw. oftmals in einer Nische unter, die nach dem Kamin entlüftet ist.

Eine solche Küche zeigt Abb. 14. Gasherd, Gasofen für Raumheizung und über demselben Gasheißwassererzeuger stehen in einer eigens in den Raum eingebauten, aus weißen Platten bestehenden

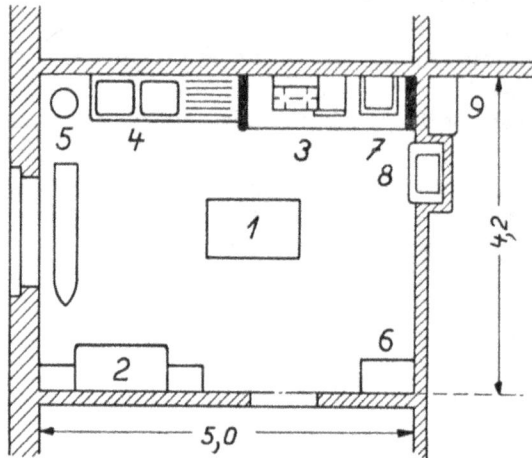

Abb. 14. Englische Küche.
1 Küchentisch gleichzeitig Kochvorbereitungsplatz, *2* Easyworkküchenschrank, *3* Gasherd, *4* Spültisch, *5* Wasserenthärter, *6* Eisschrank, *7* Heißwassererzeuger, darunter Gasofen für Raumheizung, *8* Ausguß, *9* Besenschrank.

Nische. Auch der Ausguß ist in die Wand nach dem Hausflur eingelassen. Links anschließend steht der Spültisch und neben diesem der Wasserenthärter. Er hat die Aufgabe, das Wasser von allen schädlichen und unangenehmen Beimengungen wie Kalk, Mangan, Eisen usw. zu befreien. Er fehlt in keiner wirklich gut eingerichteten Küche. Näheres über den Aufbau eines solchen Enthärters folgt im Teil IV.

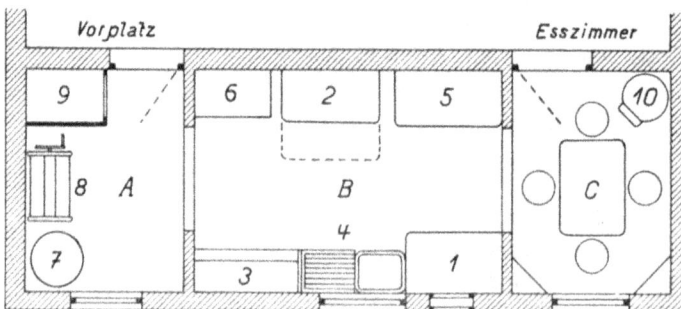

Abb. 15. Küche mit abgetrennter Anrichte mit Waschküche der Easywork Co. London.
A Waschküche, *B* Küche, *C* Anrichte, *1* Tisch, *2* Küchenschrank, *3* Vorratsschrank, *4* Spültisch, *5* Herd, *6* Eisschrank, *7* Waschkessel, *8* Wäschemange, *9* Wäscheschrank, *10* Heizkessel für Sammelheizung.

An der Einrichtung wäre zu bemängeln, daß der Küchenschrank zu weit weg vom Herd steht, ebenso der Kühlschrank.

Abb. 15 zeigt eine von der bekannten Easywork Co. London entworfene Anordnung der Wirtschaftsräume, die insofern bemerkenswert ist, als sich auch hier die Waschküche unmittelbar neben der Küche befindet. Der Zugang zur Küche führt sogar durch diese.

Als letzte der getrennten Küchen soll eine Anordnung Erwähnung finden, wie sie im „Haus der Zukunft" auf der Ausstellung „Das ideale Heim" in London 1928 zu sehen war.

Dieses Haus war insofern bemerkenswert, als es unter Zuhilfenahme aller technischen Errungenschaften der Neuzeit eingerichtet wurde und infolgedessen eine richtige „Wohnmaschine" darstellte.

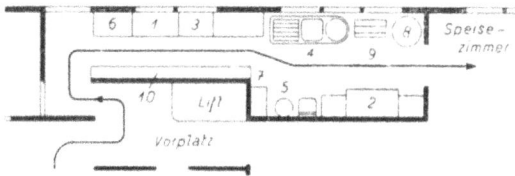

Abb. 16. Küche im Haus der Zukunft.
1 Tisch, *2* Küchenschrank, *3* Herd, *4* Spültisch, *5* Wasserenthärter, *6* Kühlschrank, *7* Heißwassererzeuger, *8* Waschmaschine, *9* Wäschemange, *10* Schalt-
und Überwachungseinrichtungen.

Bei Ausgestaltung der Küche dieses Hauses (Abb. 16) ist der Erbauer von dem Gedanken ausgegangen, alles in der richtigen Reihenfolge nebeneinander anzuordnen unter möglichster Ausnutzung des Raumes. Er ist aber dabei sichtlich über das Ziel hinausgeschossen. Die Küche wurde zu einem Darm, der kaum den nötigen Raum zur Bewegung der arbeitenden Person läßt.

Der linke Teil der Küche, der den Eisschrank, den Kochvorbereitungsplatz und diesem gegenüber die Tafel mit den Kontrollapparaten für Heizung, Kochen, Lüftung und Reinigung enthält, ist so eng, daß es z. B. nur einer schlanken und biegsamen Engländerin möglich ist, die im Eisschrank befindlichen Gegenstände herauszunehmen, einer etwas beleibten deutschen Hausfrau wäre dies ganz unmöglich.

Im breiteren Teil enthält die Küche den Herd, Spültisch mit Geschirrspülmaschine, elektrischen Heißwassererzeuger, Wasserenthärter, den unvermeidlichen Easywerk-Küchenschrank und zum Überfluß die Waschmaschine mit der Mange. Die beiden letzten Einrichtungen haben allerdings in der Küche nichts zu suchen.

b) Die Wohnküche.

Muß aus wirtschaftlichen oder anderen Gründen die Größe der Wohnung allzusehr beschränkt werden, dann ist es besser, statt einer winzigen Küche und einem ebensolchen Wohnzimmer eine Wohnküche vorzusehen. Die Wohnküche wird vielfach als mindere Wohnungsform bezeichnet und ihre Beseitigung verlangt. Dieser Vorwurf ist nicht gerechtfertigt.

Es ist zweifellos nur Ansichtssache, ob die geräumige Wohnküche oder eine räumlich getrennte, aber viel zu kleine Küche mit einem ebensolchen Wohnraum die minderere Wohnungsform darstellt. Eine Küche von 4—5 m², wie sie in den letzten Jahren verschiedentlich geschaffen worden ist, hat auch bei sehr beschränkten Platzverhältnissen nur eine Daseinsberechtigung bei Anordnung einer ausreichend weiten Durchgangsöffnung nach dem Eßzimmer. Sie wird dadurch zur Wohnküche. Der weite Durchgang ist notwendig, um der Hausfrau die Möglichkeit zu geben, ihre Kinder zu überwachen. Diese müssen sich im Wohnraum aufhalten, da bei 4—5 m² Grundfläche kein Platz in der Küche vorhanden ist.

Für die Hausfrau bedeutet die Wohnküche zweifelsfrei eine Erleichterung, weil sie beim Anrichten nur ein paar Schritte zu gehen braucht.

Der meist angeführte Nachteil, daß Kochdunst und Kochgeruch in das Eßzimmer eindringen, ist besonders bei der neuzeitlichen Kochweise mit Gas oder elektr. Strom durchaus nicht so groß. Außerdem fragt es sich überhaupt, ob der Küchengeruch merklich so unangenehm ist, daß seine Beseitigung unumgänglich notwendig erscheint. Hält man seine Beseitigung jedoch für wünschenswert, so kann man das Eindringen des Kochdunstes auch durch Anordnung einer Trennwand zwischen dem Wohn- und Küchenteil verhindern oder man ordnet, wie in England üblich, den Kochherd unter einem Abzug an, der nach dem Kamin entlüftet ist.

Für den Abschluß des Küchenteils vom Wohnraum stehen heute eine Reihe von Möglichkeiten zur Verfügung. Einmal die gewöhnliche einflügelige Drehtür bis zu einer Breite von 1 m. Sie ist angewendet z. B. bei der verbesserten „Frankfurter Küche". Dann die doppelflügelige Türe bis zu einer Breite von etwa 1,50 m.

linker Flügel geöffnet   rechter Flügel geschlossen

Abb. 17. Harmonikatüre.

Bei größerer Breite ist die Schiebetüre vorzuziehen. Bei sachgemäßer Ausführung sowie sicherer und zwangläufiger Lagerung auf Kugeln und Rollen ist sie leicht zu bewegen und bleibt jahrelang tadellos betriebsfähig.

Der Abschluß durch einen Vorhang ist weniger zu empfehlen, besser erscheinen die neuen Harmonikawände, die allerdings bei sachgemäßer Ausführung nicht billig sind.

Die auf Abb. 17 dargestellte Türe dieser Art besteht aus schmalen Sperrholzplatten, die durch Leder- und besonders geeignete Stoffstreifen beweglich miteinander derart verbunden sind, daß die Türe wie der Balg eines Photoapparates zusammengelegt werden kann.

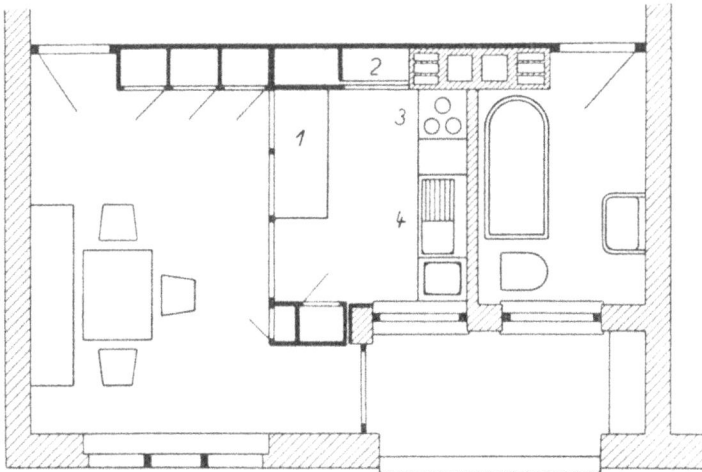

Abb. 18. Wohnküche der Oberpostdirektion München, Grundriß, Waschraum neben der Küche.
1 Tisch, *2* Geschirrschrank, *3* Gasherd, *4* Spültisch.

Will man zu derartigen Mitteln nicht greifen, so kann man durch Anordnung einer Glaswand mit Verbindungstüre ausreichende Möglichkeit zur Überwachung des Wohnzimmers von der Küche aus schaffen.

Eine derartige Lösung zeigen die Abb. 18 u. 19.

Die Küche ist von der Oberpostdirektion München entworfen.

c) Der Wasch- und Baderaum.

Dessen räumliche Ausgestaltung ist verhältnismäßig einfacher Natur, sofern er nicht die Einrichtungen zur Behandlung der Wäsche mit aufzunehmen hat.

Die Bestrebungen nach räumlicher Beschränkung in Kleinwohnungen war hier von besonderem Erfolg begleitet. Der Waschraum auf Abb. 6 besitzt nur 4,14 m² Grundfläche. Dabei enthält er noch das W.C. Die Vereinigung dieses Raumes mit dem Waschraum kann im allgemeinen nicht gutgeheißen werden. Sie wird auch von den meisten Architekten abgelehnt. Selbst wenn 1 m² Grundfläche dadurch verlorengeht, sollte es stets in einem eigenen Raum untergebracht werden.

Die Anordnung im Baderaum hat nur dann eine Berechtigung, wenn außer diesem W.C. noch ein weiteres unabhängig zugängliches vorhanden ist, was wohl nur in Einfamilienhäusern und ganz großen Stockwerkswohnungen der Fall sein dürfte.

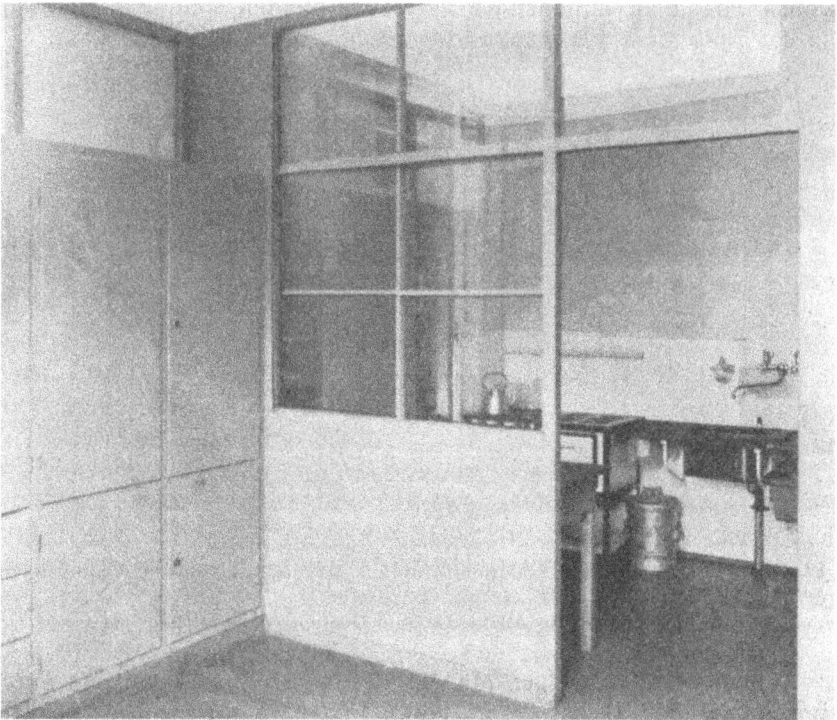

Abb. 19.   Wohnküche der Oberpostdirektion München.
Durchblick nach der Küche.

Der Waschraum auf Abb. 8 enthält außer der Badewanne und dem Wandbecken noch einen Waschkessel zur Behandlung der Wäsche. Allerdings genügt diese Einrichtung nicht vollkommen, auch ist der Waschkessel zu weit von der Badewanne, die in diesem Fall zum Einweichen und Nachspülen der Wäsche dient, entfernt. Wenn der Waschraum auch zur Behandlung der Wäsche dienen soll, muß er etwas größer gewählt werden, damit auch alle Einrichtungen wirklich untergebracht werden können.

Der Wasch- und Baderaum auf Abb. 11 enthält die gesamte Einrichtung zur Behandlung der Wäsche. Diese besteht aus einer Wanne zum Einweichen, einem Waschkessel zum Auskochen der Wäsche und einer Waschmaschine.

Das W.C. ist im Waschraum eingebaut, aber von diesem abgetrennt. Die Entlüftung ins Freie erfolgt durch einen Kanal über der Badewanne.

Der Waschvorgang vollzieht sich folgendermaßen:

Die Wäsche wird in der Wanne *a* eingeweicht, von hier in den unmittelbar daneben stehenden Waschkessel *b* gebracht und gekocht. Von hier wandert die Wäsche nach der Waschmaschine *c* und von dort nach der Badewanne *d*. Ist die ganze Wäsche gewaschen, so wird sie in der Waschmaschine *c* heiß gespült. Sie wandert aus der Wanne *d* in die Waschmaschine *c* und von hier nach der Wanne *a*. Um die Wäsche möglichst mühelos nach der Wanne *a* bringen zu können, ist diese drehbar auf einem Gestell angeordnet. Beim Kaltspülen legt die Wäsche wieder den Weg von *a* über *c* nach *d* zurück.

Ist die Waschmaschine auch mit einer Einrichtung zum Ausschleudern der Wäsche oder mit Presse versehen, so geht die Wäsche nach dem Kaltspülen sofort durch diese Vorrichtung und landet dann nicht in der Wanne *d* sondern im bereitgestellten Waschkorb.

Im Waschraum wird die Wäsche auch gebügelt.

Sämtliche Wascheinrichtungen sind an die Abfalleitung angeschlossen und können mit Hilfe eines Schlauches, der über der Waschmaschine angebracht ist, mit Wasser versorgt werden.

Es ist leicht zu erkennen, welche erheblichen Ersparnisse an Kosten für Rohrleitungen und elektrische Leitungen durch die Vereinigung der drei Wirtschaftsräume der Wohnung—Küche—Bad—Waschküche zu erzielen sind.

Die drei Räume (Küche—Bad—W.C.) enthalten folgende Anschlüsse:

7 zur Kaltwasserzuführung: Spültisch, Ausguß, Waschgefäße, Badewanne, Waschmaschine, W.C.

6 zur Heißwasserzuführung: Spültisch, Ausguß, Waschgefäße, Badewanne, Waschmaschine.

9 Ablaufleitungen: Spültisch, Ausguß, Waschgefäße, Wanne *a*, Waschkessel *b*, Waschmaschine, Badewanne, W.C.

Falls Gas zur Verfügung steht:

3 Gasanschlüsse: Gasherd, Waschkessel *b*, Heißwasererzeuger, oder an deren Stelle 3 elektrische Anschlüsse.

Außerdem auf alle Fälle

3 elektrische Anschlüsse für das Bratrohr, den elektrischen Antrieb der Waschmaschine und das Bügeleisen.

Hierzu tritt dann noch die Abzugsleitung für den Heißwassererzeuger, falls diese mit Gas beheizt wird und die elektrische Lichtleitung.

Alle diese Anschlüsse erfordern Platz und kosten Geld. Je näher sie beisammen sind um so weniger.

III. Die technischen Einrichtungen der Küche.

A. Wärmeerzeugung für Kochzwecke.

a) Grundsätzliche Eigenschaften der Beheizungsarten.

Nach dem gegenwärtigen Stand der Technik besitzen wir folgende Möglichkeiten der Wärmeerzeugung:

Mit festen Brennstoffen: Kohlen, Koks, Torf, Holz usw.,

mit flüssigen Brennstoffen: Spiritus, Petroleum, Rohöl und Benzin,

mit Mischgas, kurz als Gas bezeichnet,

mit elektrischem Strom.

Heiß tobt heute der Kampf zwischen den Vertretern der drei Gruppen Kohlen—Gas—elektrischer Strom.

Die Wärmeausnützung der vorerwähnten Stoffe im Küchenbetrieb ist aus der Zusammenstellung auf Seite 46 zu entnehmen.

In neuerer Zeit hat sich dem Wettbewerb hinzugesellt das Rohöl, besonders in Amerika und das Benzin auch in Deutschland. Über die praktische Bewährung der Wärmeerzeugung mit den beiden letztgenannten Brennstoffen liegen Erfahrungen in Deutschland noch recht wenig vor.

Vom wärmetechnischen Standpunkt aus sind sie wegen ihrer hohen Verbrennungswärme von etwa 10600 WE je kg zur Wärmeerzeugung sehr geeignet. Anderseits bringt aber gerade dieser hohe Wärmeinhalt bei der Verbrennung einige technische Schwierigkeiten mit sich. Der Rohölbrenner bedarf der künstlichen Luftzuführung unter Druck, der Benzinbrenner erfordert Zuführung des Brennstoffes unter Druck, wie wir es bei der bekannten Lötlampe längst kennen. Diese Zuführung des Benzins unter Druck und dessen niedere Entflammungstemperatur bergen bei unaufmerksamer Bedienung Explosionsgefahr in sich. Leider muß im Haushalt erfahrungsgemäß mit einer derartigen unsachgemäßen Bedienung gerechnet werden. Dies hat dazu geführt, daß die Benzinherde in Deutschland stellenweise verboten wurden, wobei jedoch für besondere Bauarten eine Ausnahme zulässig ist.

Das Rohöl ist nicht explosionsgefährlich, verbrennt dafür aber schwerer. Die Luftzuführung unter Druck erfordert maschinelle Einrichtungen und bringt einen etwas geräuschvollen Betrieb mit sich, ähnlich wie die Preßgasbeleuchtung.

Über den guten alten Kohlenherd ist schon recht viel geschrieben worden. Bis gegen Ende des vorigen Jahrhunderts war er der alleinige Herrscher. Heute rücken ihm Gas und elektrischer Strom hart auf den Leib und wollen ihm gar das Lebenslicht ausblasen.

Technische und wirtschaftliche Gesichtspunkte werden von den Verfechtern der einzelnen Heizungsarten gegen ihn ins Feld geführt, und es ist gar nicht so einfach, ein vollkommen klares Bild über die Berechtigung der gegen ihn erhobenen Einwendungen zu gewinnen. Denn auch seine Vertreter sind nicht müßig geblieben und haben durch allerlei technische Verbesserungen die ihm anhaftenden Mängel zu beseitigen gesucht. Diese Mängel bestehen in erster Linie in der schlechten Wärmeausnützung und in der Umständlichkeit und Unsauberkeit der Bedienung.

Ein weiterer gegen ihn ins Feld zu führender Punkt ist die Erschöpflichkeit der Kohlenvorräte auf unserer Erde. Bekanntlich nimmt er unter allen Kohlenverbrauchern die dritte Stelle ein und es verlohnt sich daher schon, nach Mitteln und Wegen zu suchen, um diesen hohen Kohleverbrauch herabzusetzen. Gerade der Küchenbrand ist ein dankbares Gebiet, denn die Wärmeausnützung ist tatsächlich gering. Nur 10—20% des Heizwertes der Kohle erscheinen im Kochgut wieder. 90—80% sind verloren.

Die schlechte Wärmeausnützung im Kohlenherd hat ihren Grund in folgenden Umständen:

1. Der Wirkungsgrad des Kohlenherdes ist infolge seiner Bauart nicht besonders hoch. Die Heizgasführung kann nicht so gestaltet werden, wie es mit Rücksicht auf möglichst hohen Wirkungsgrad notwendig wäre, auch ist das Eindringen falscher Luft nicht leicht zu verhindern.

2. Die erzeugte Wärme kommt nur zu einem Bruchteil den Kochgeräten und deren Inhalt zu gut. Ein großer Teil der Wärme wird an den Raum abgegeben.

3. Die Wärmeerzeugung kann dem jeweiligen Wärmebedarf nicht ausreichend und genügend schnell angepaßt werden, da zwischen Brennstoffzuführung und Wärmeerzeugung ein erheblicher Zeitraum liegt.

Da es beim Kochen ziemlich unmöglich ist, den Wärmebedarf schon mehrere Minuten vorher zu berechnen und noch unmöglicher, die Wärmeerzeugung in einem bestimmten Augenblick abzustoppen, so muß man sich damit begnügen, die Wärmezufuhr zu dem Kochgerät in entsprechender Weise zu regeln und läßt im übrigen die erzeugte

Wärme in den Kamin oder den umgebenden Raum abziehen. Die nach dem Kamin abziehende Wärme ist verloren, sofern man sie nicht — wie in England allgemein üblich — zur Erzeugung von heißem Wasser verwertet. Die nach dem Raum austretende Wärme heizt zwar im Winter diesen angenehm, dafür ist aber im Sommer die aufgezwungene Heizung um so unerwünschter.

Die Bestrebungen der Techniker, die umständliche und unsaubere Bedienung des Küchenherdes zu verbessern, waren bisher nicht von wesentlichem Erfolg begleitet. Auch heute noch müssen die Kohlen von Hand an den Herd herangebracht, mit der Schaufel auf den Rost gelegt und auf dieselbe Weise Schlacke und Asche aus dem Herd entfernt werden.

Auch ist es bisher nicht gelungen, restlos die lästigen Nebenerscheinungen: Rauchentwicklung beim Anheizen, schlechte Feuerentwicklung infolge zu geringen Kaminzuges und Austreten unangenehm riechender und giftiger Gase nach dem umgebenden Raum ganz zu vermeiden, wenn auch in dieser Hinsicht die Bemühungen der Techniker von größerem Erfolg begleitet waren.

Der Gasherd steht hinsichtlich Regelfähigkeit an der Spitze aller Heizungsarten. Lediglich durch entsprechende Drehung des Gashahnes kann die Gaszufuhr in beliebigem Maß verändert werden. Die Bedienung beschränkt sich auf die Reinigung des Brenners. Die Gefahr des Austretens giftiger Gase ist beim Gasherd allerdings größer als beim Kohlenherd. Im Verbrennungsprodukt selbst sind etwa 32 % giftiger Gase enthalten, sodaß bei größeren Herden für künstliche Abführung gesorgt werden muß, außerdem ist die Gefahr der Vergiftung durch Ausströmen unverbrannten Gases größer als die Gefahr der Kohlenoxydgasvergiftung beim Kohlenherd, da das heutige Mischgas 23 % Kohlenoxyd enthält.

Der elektrische Herd steht hinsichtlich Einfachheit der Bedienung an der Spitze, hinsichtlich der Regelung steht er aber noch hinter dem Gasherd zurück.

Die heute auf dem Markt befindlichen elektrischen Herde und sonstigen elektrischen Kochgeräte sind meist nur in 3 höchstens 4 Stufen regelbar. Für das Ankochen genügt diese Zahl, für das Fortkochen wäre aber zwecks größter Stromersparnis eine bessere Regelfähigkeit zu wünschen. Durch öfteres Aus- und wieder Einschalten des Stromes kann zwar die ungenügende Regelfähigkeit der Wärmezufuhr teilweise ausgeglichen werden. Diese Regelungsart erfordert aber erhöhte Aufmerksamkeit und kann deshalb nur als behelfsmäßige Maßnahme angesehen werden. Meist wird das rechtzeitige Ausschalten unterlassen, das Kochgut verdampft infolge der übermäßigen Wärmezufuhr oder brennt an.

b) Bauart der Herde.

1. Der Kohlenherd.

Am Aufbau des reinen Kohlenherdes hat sich wenigstens bei uns in Deutschland in den letzten Jahren wenig geändert.

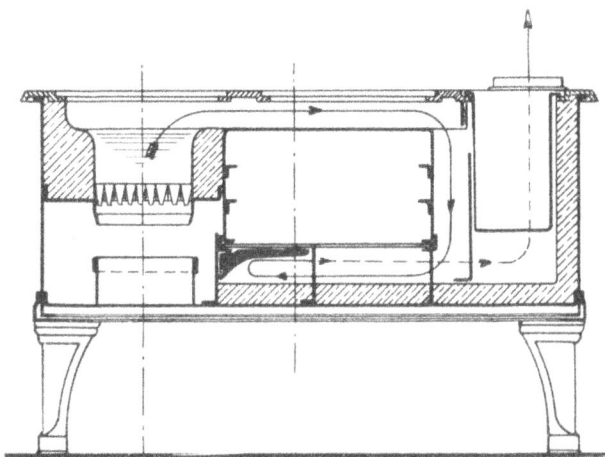

Abb. 20. Schnitt durch einen neuzeitlichen Kohlenherd (Voßwerke Hannover).

Abb. 20 stellt den Querschnitt durch die Feuerung eines neuzeitlichen Kohlenherdes dar. Abb. 21 zeigt denselben Herd in der Ansicht. Seine wesentlichsten Merkmale sind: Richtige Größe und Formgebung des Rostes und des Feuerraumes im Verhältnis zu der verbrannten Kohlenmenge. Zweckmäßige Führung der Feuergase, gefällige Form.

Bemerkenswert sind die Bestrebungen, den Küchenherd auch anderen Zwecken dienstbar zu machen.

In erster Linie kommt Heißwassererzeugung in Frage. Die Heranziehung zur Erzeugung von heißem Wasser in größeren Mengen — das Wasserschiff kann wohl als Einrichtung hierzu nicht bezeichnet werden — ist in England

Abb. 21. Ansicht desselben Herdes,

heute schon zur Selbstverständlichkeit geworden, in Deutschland ist sie in der Entwicklung begriffen.

Abb. 22 stellt den Schnitt durch einen englischen Herd dar. Die Feuerung befindet sich im Wohnzimmer und ist als Kamin ausgebildet. Diese Bauart der Feuerung ist in England allgemein üblich. Sie ist

hervorgegangen aus dem alten Holzkamin, der in früheren Zeiten in
den wärmeren Ländern Europas die ausschließliche Bauart der Feuerstätte bildete.

Trotz der schlechten Brennstoffausnutzung konnten sich die Engländer nicht entschließen, von dieser Bauart abzugehen. Technisch
begründet wird sie in neuester Zeit durch die angenehme und heilsame
Wirkung, welche die ultravioletten Strahlen der Glut auf den Menschen
ausübt.

Der Boiler ist an der heißesten Stelle der Feuerung eingebaut. Er
ist zwecks Reinigung von Kesselstein auseinandernehmbar, eine Maßnahme, die auch bei uns mehr
Nachahmung verdienen würde.

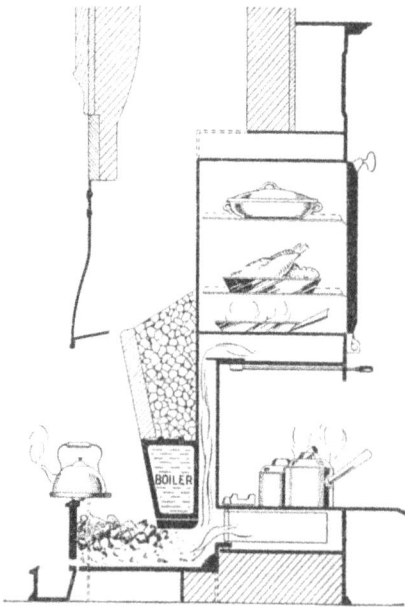

Abb. 22. Schnitt durch einen englischen Kohlenherd mit Raumheizung und Heißwassererzeugung.

Abb. 23. Englischer Küchenherd mit Dunstabzug und hochklappbarem Abschluß.

Die Bauart der Herde weicht auch sonst von der bei uns gebräuchlichen stark ab. Die grundsätzliche Bauart der neueren Herde ist aus
der Abb. 23 zu ersehen. Links die offene Feuerstätte, dahinter der
(nicht sichtbare) Heißwasserboiler, rechts das geräumige Bratrohr, darüber die Herdplatte. Bemerkenswert ist die Unterbringung des Herdes
in einer Nische und der Abschluß durch eine (in der Abb. hochgeklappte)
Glaswand, um im Bedarfsfall Eindringen des Küchendunstes in den
übrigen Raum zu verhindern.

Eine deutsche Ausführung der Verbindung des Küchenherdes mit der Heißwassererzeugung zeigt Abb. 24. Hier sind in den Herd zwei Heizschlangen eingebaut. Sie liegen an den Seitenwänden des Feuer-

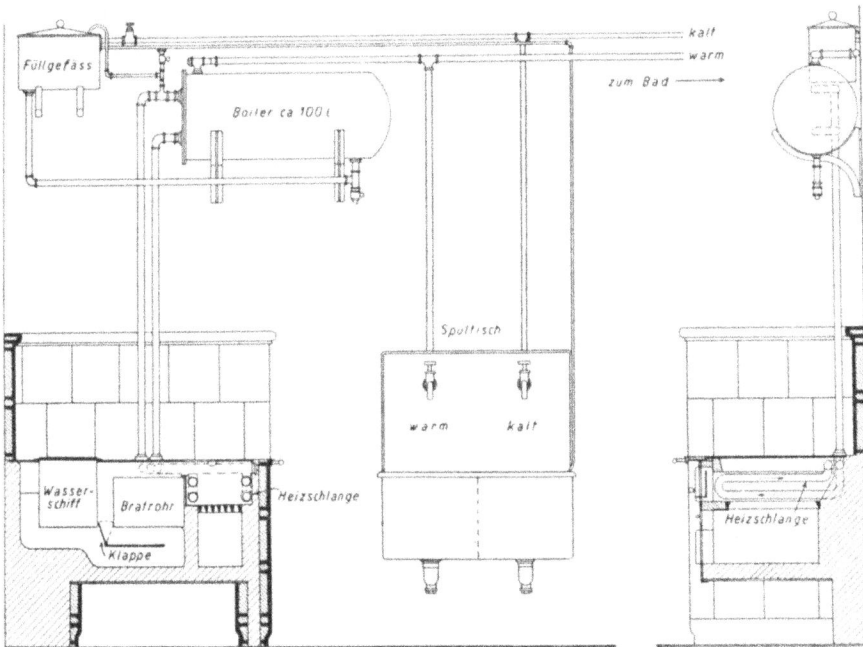

Abb. 24. Küchenherd mit Heißwassererzeugung für Koch- und Badezwecke.
(Heiztechnische Landeskommission München.)

raumes und erhalten demnach genügend Wärme, um eine größere Menge Heißwasser zu erzeugen. Das heiße Wasser wird in einem Boiler gesammelt, der gegen Wärmeverluste isoliert ist. Bei dem Entwurf einer derartigen Einrichtung ist darauf zu achten, daß sie zur Beseitigung des Kesselsteins leicht ausgebaut und zerlegt werden kann.

Eine andere Art der Vereinigung, die besonders in kleineren Wohnungen nicht unzweckmäßig erscheint, ist die

Abb. 25. Küchenherd mit Warmwasserkessel
für Raumheizung. Ansicht.
(Voßwerke Hannover.)

Verbindung des Küchenherdes mit der Wohnungsheizung. Es kommt hierbei nur Warmwasserheizung in Frage. Einen derartigen Herd zeigt Abb. 25 in der Ansicht, Abb. 26 im Schnitt.

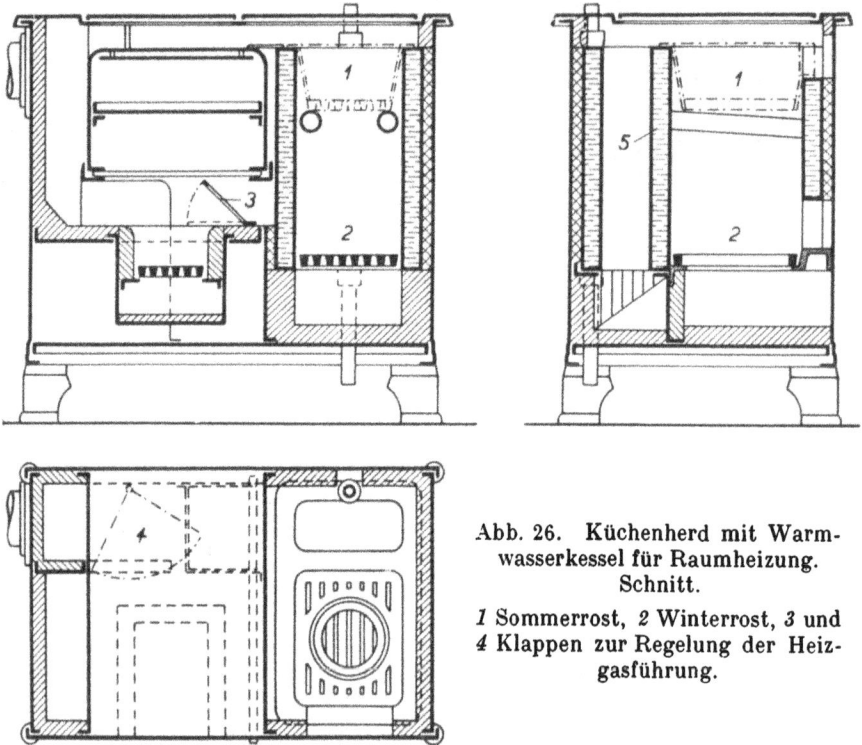

Abb. 26. Küchenherd mit Warmwasserkessel für Raumheizung. Schnitt.

1 Sommerrost, *2* Winterrost, *3* und *4* Klappen zur Regelung der Heizgasführung.

Um diese Art der Verbindung zweckmäßig und vor allem wirtschaftlich zu gestalten, bedarf es allerdings einiger Vorsichtsmaßregeln, die in dem stark wechselnden und zu verschiedenen Zeiten auftretenden Wärmebedarf ihren Grund haben.

Der größte Wärmebedarf ist nur verhältnismäßig kurze Zeit im Winter vorhanden. Die übrige Zeit des Jahres, besonders im Hochsommer, muß die Feuerstelle mit einem Bruchteil ihrer höchsten Leistungsfähigkeit betrieben werden. Der Wirkungsgrad des Herdes sinkt aber mit abnehmender Belastung stark, weil Rost, Feuerraum und Heizgasführung nunmehr zu groß sind und einen erheblichen Teil der erzeugten Wärme verschlucken. Man sucht diesen Mißstand durch Verschiebbarkeit der Rostfläche nach oben oder Verwendung von zwei getrennten Feuerstellen für Sommer und Winterbetrieb abzuhelfen.

Eine viel gebrauchte und wirtschaftliche Sonderbauart des Kohlenherdes bedarf noch der Erwähnung: Der Grudeherd, Abb. 27. Er ist

von allen Beheizungsarten im Betrieb am billigsten (s. Zahlentafel 5), brennt Tag und Nacht durch, entwickelt wenigstens in der kühleren Jahreszeit keinen unangenehmen Geruch und ist auch sonst anspruchlos in der Bedienung und Unterhaltung. Leider ist er ein etwas staubiger Geselle, sodaß sich nicht jede Hausfrau mit ihm befreunden kann. Ein Nachteil liegt auch darin, daß Brennstoffzufuhr und Wärmeerzeugung zeitlich recht weit auseinanderliegen.

2. Der Gasherd.

Auch der Gasherd hat in den letzten Jahren keine grundlegenden Änderungen erfahren. Nur in der Anordnung des Brat- und Backrohres vollzieht sich besonders in Amerika allmählich der Übergang von der unpraktischen tiefliegenden Anordnung (Abb. 28) zur hochgestellten (Abb. 29).

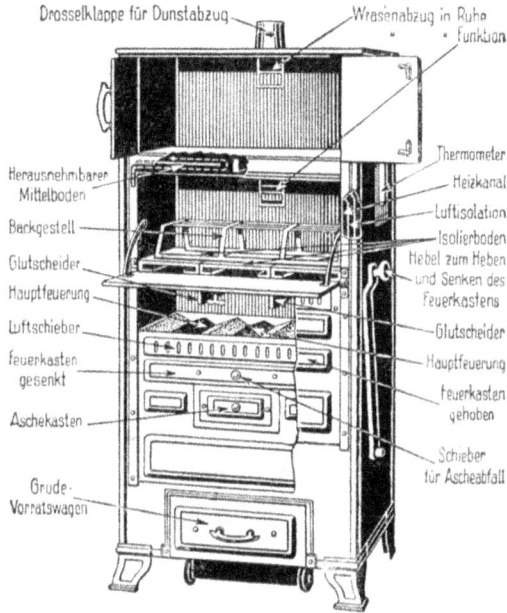

Abb. 27. Grudeherd „Immerbrand".

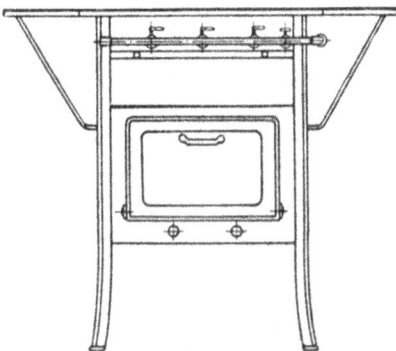

Abb. 28. Gasherd mit tiefliegendem Bratrohr, Gasverbrauch, Herdflamme:
   großer Brenner 400—500 l/h,
   kleiner   ,,   50— 80 l/h,
   Bratrohr   700—800 l/h.

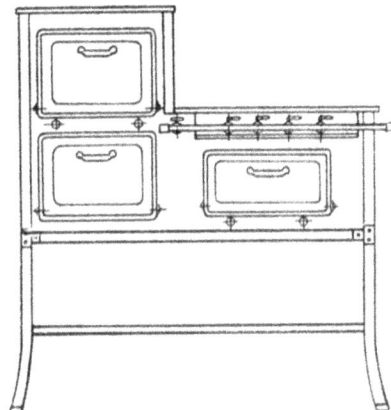

Abb. 29. Gasherd mit hochliegendem Bratrohr (Gasverbrauch G. m. b. H. Berlin).

Die Lage in günstiger Arbeitshöhe ist vom Standpunkt der Bedienung aus bei weitem vorzuziehen. Sie bildete zu Anfang der Entwicklung die Regel. Die höheren Herstellungskosten und der größere Platzbedarf führte dann zu der tiefliegenden Anordnung. Neuerdings legt man aber auf Zeitersparnis und geringeren Kraftaufwand wieder mehr Wert und kehrt zu der ursprünglichen Lage in Arbeitshöhe (80—1,20) über Erdboden zurück.

Auch in England ist dieses Bestreben erkennbar. Der englische Gasherd unterscheidet sich von dem bei uns gebräuchlichen durch die schwere Bauart, die großen Abmessungen des Bratrohres und die höhere Lage der Brennstellen über dem Fußboden.

Die schwere Bauart mag ganz zweckmäßig sein, bedingt aber höheren Preis. Das große Bratrohr verursacht größeren Gasverbrauch, der allerdings weniger in die Wagschale fällt, weil das Gas etwas billiger ist als bei uns. Ein Kubikmeter kostet 8—14 Pf. Die höhere Lage der Brennstellen ist wohl durch den etwas höheren Wuchs der Engländerin bedingt. Die Herde sind häufig innen und außen emailliert.

3. Der elektrische Herd.

Der Aufbau des elektrischen Herdes (die Einzelgeräte sind außer acht gelassen) ist heute dem des Gasherdes nachgebildet. Besonders zu beachten sind beim elektrischen Herd die Ausbildung der Kochstellen und die Ausbildung und Anordnung der Schalteinrichtungen und Sicherungen.

Für die Kochstellen kommen zwei Anordnungen in Frage: Die Kochplatte mit verdeckt liegendem, vor Berührung und überlaufendem Kochgut geschützter Lage des Heizkörpers (Abb. 30) und die Glühkochplatte mit offen liegender Drahtspirale (Abb. 31). Welcher von den beiden Anordnungen der Vorzug zu geben ist, kann nicht ohne weiteres entschieden werden. Ursprünglich wurde in Deutschland nur die geschlossene Platte verwendet. Ihr wird jedoch der Vorwurf gemacht, daß das Erhitzen der Speisen im Vergleich zum Gasherd zu langsam geht. Es dauert bei der gewöhnlichen Kochplatte etwa doppelt so lang wie auf dem Gasherd.

Ihren Grund hat diese langsamere Erhitzung in der begrenzten Belastungsfähigkeit des Heizdrahtes. Der im Vakuum geschmolzene Chromnickelstahldraht hält dauernd Temperaturen von 750° C aus. Da die Isolierung und die Kochplatte selbst eine gewisse Dicke haben müssen, so tritt ein ziemlich erheblicher Temperaturabfall gegen die Kochplattenoberfläche ein, wodurch die Kochzeit verlängert wird. Deren Temperatur darf im Dauerbetrieb 450° nicht übersteigen, da der Heizdraht sonst unzulässig hoch erwärmt wird.

Der frei in Nuten liegende Heizdraht der Glühkochplatte, der entweder schlangen- oder besser spiralförmig angeordnet wird, ist diese

Gefahr nicht ausgesetzt. Er kann seine Wärme ungehindert in den Raum ausstrahlen, ist also vor Überhitzung geschützt.

Aus diesem Grund kann man bei der Glühkochplatte auf 1 cm² der Plattenoberfläche eine größere Heizleistung unterbringen als bei der geschlossenen Platte. Dadurch wird die Kochzeit abgekürzt und nähert sich der auf dem Gasherd üblichen.

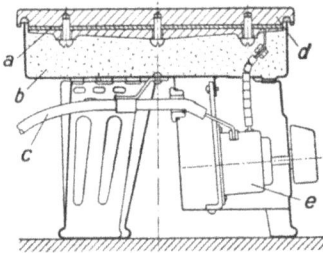

Abb. 30. Geschlossene Kochplatte (Siemens-Schuckertwerke).

a Heizkörper, b Isolierung,
c Stromzuführung, d Heizplatte,
e Schalter. Leistungsaufnahme
600—1200 W je nach Größe,
regelbar in 3 Stufen.

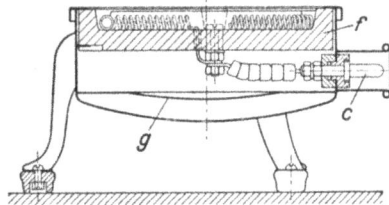

Abb. 31. Glühkochplatte mit offen
liegender Drahtspirale.

c Stecker, f Heizeinsatz, g Schutz-
boden, h Heizspirale. Leistungsaufnahme 650—2000 W je nach Größe.
(Siemens-Schuckertwerke).

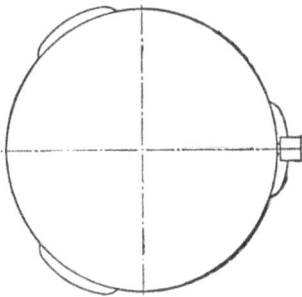

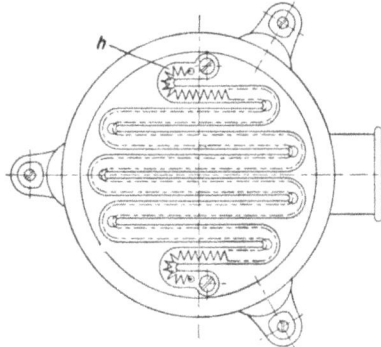

Bei 20 cm Durchmesser war bisher die Stromaufnahme der geschlossenen Platte 1000—1200 W, die der Glühkochplatte 2000 W.
Dies entspricht bei der geschlossenen Platte einer Belastung von 3,8 W
auf 1 cm² Plattenoberfläche, bei der Glühkochplatte 6,4 W auf 1 cm².
Auch die raschere Erwärmung der Platte selbst nach dem Einschalten
des Stromes trägt zur Abkürzung der Kochzeit etwas bei. Ein weiterer
Vorzug der offenen Platte liegt darin, daß man auch Kochgefäße mit
unebenem Boden verwenden kann, ohne ein erhebliches Sinken des
Wirkungsgrades befürchten zu müssen.

Die offene Platte hat jedoch eine Reihe von Nachteilen. Ihr Wirkungsgrad ist im allgemeinen geringer als der der geschlossenen Platte.

Der offen liegende Heizdraht verschmutzt und kann schlecht gereinigt
werden. Die Gefahr des Kurzschlusses und des Stromüberganges nach dem
Körper ist größer, da die Spirale nicht genügend gegen Berührung ge-

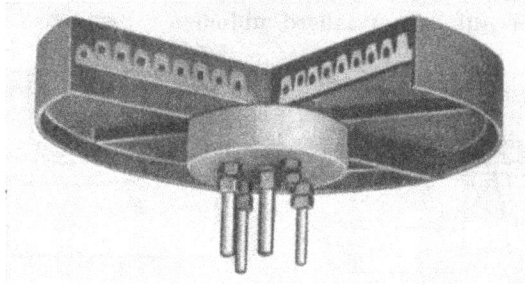

Abb. 32. Geschlossene Hochleistungsplatte mit zwischen Rippen eingebettetem
Heizdraht. Leistungsaufnahme 1800 W (Brown, Boveri & Co. Mannheim.)

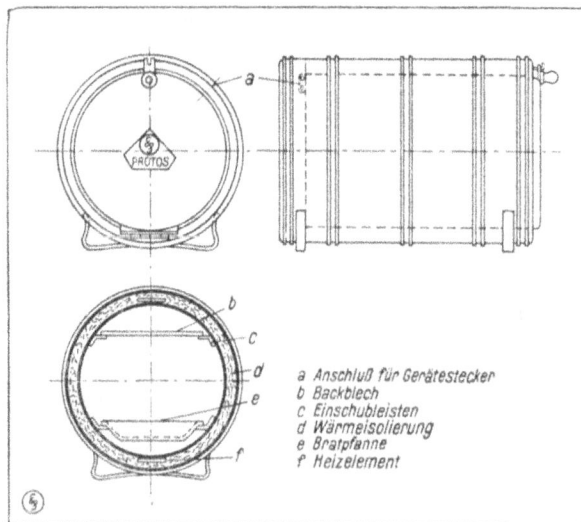

a Anschluß für Gerätestecker
b Backblech
c Einschubleisten
d Wärmeisolierung
e Bratpfanne
f Heizelement

Abb. 33. Protosbackröhre (Siemens-Schuckertwerke).
Leistungsaufnahme 660 W, nicht regelbar.

schützt werden kann. Der offen liegende Draht weist eine geringere Lebensdauer auf, da der zerstörende Sauerstoff der Luft und das überfließende
Kochgut ungehindert Zutritt haben. Der Heizdraht der geschlossenen
Platte dagegen ist gegen überlaufendes Kochgut vollkommen, gegen
den Sauerstoff der Luft sehr weitgehend geschützt.

Diese Umstände haben Veranlassung gegeben, geschlossene Platten
mit höherer Stromaufnahme herzustellen. Abb. 32 zeigt eine derartige

Hochleistungsplatte, bei welcher der Heizdraht zwischen Rippen eingebettet ist. Diese Platte nimmt bei 20 cm Durchmesser 1800 W auf. Wie es mit der Lebensdauer des Heizdrahtes steht, ist allerdings noch nicht bekannt.

Besondere Beachtung verdient das elektrische Backrohr.

Es besitzt den Vorzug, daß das Kochgut in keinerlei Berührung mit giftigen oder unangenehm riechenden Heizgasen kommt. Außerdem befindet es sich in ruhender, mit Wasserdampf gesättigter Luft. Der Braten wird also nicht ausgedörrt und seiner besten Geschmackstoffe beraubt wie beim Gasrohr. Durch Versuche wurde festgestellt, daß der Gewichtsverlust eines Bratens bei Zubereitung im elektrischen Backrohr 50% kleiner ist als bei Herstellung im Gasbackrohr.

Das Bedürfnis nach weitgehender Regelung ist nicht in dem Maß vorhanden wie bei der Kochplatte. Die bekannte Protosröhre der Siemens-Schuckertwerke (Abb. 33) ist nicht regelbar, ohne daß sich dieser Umstand besonders nachteilig bemerkbar machen würde.

Bei den deutschen Backrohren sind die Heizkörper fest eingebaut. In Amerika pflegt man sie getrennt einzulegen. Der elektrische Herd auf Abb. 34 besitzt einen kräftig gebauten rostförmigen Heizkörper, der je nach Bedürfnis über oder unter dem Backgut eingeschoben werden kann.

Ein weiterer Punkt, der Beachtung erfordert, ist die Anordnung der Schalter und Sicherungen. Bei der geschlossenen Kochplatte hat man nicht die Möglichkeit wie beim Gasherd, den Grad der Wärmeabgabe nach der Flammengröße zu beurteilen. Lediglich die Schalte-

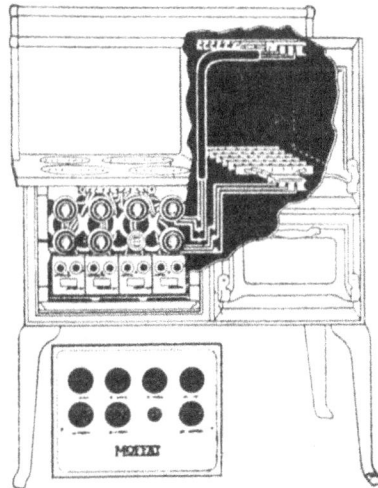

Abb. 34. Amerikanischer elektrischer Herd mit Glühkochplatten von verschiedenem Durchmesser. Hochliegendes Bratrohr mit einschiebbaren Heizelementen (Moffats Limited, Weston, Canada). Leistungsaufnahme der 4 Kochplatten 1700/1500/990/660 W, Leistungsaufnahme des Backrohrs 1270 W.

stellung gibt zuverlässigen Aufschluß darüber. Aus diesem Grund sollten die Schalter stets so angebracht werden, daß ihre Stellung vom Standplatz vor dem Herd aus mühelos erkennbar ist. Die Anordnung über dem Herd, wie auf Abb. 72, ist von diesem Gesichtspunkt aus günstiger wie die meist gewählte unterhalb der Kochplatte.

Abb. 35. Englischer elektrischer Herd mit an-
gebautem Schalter- und Sicherungskasten
(Revo, Tipton).

wegen des großen Un-
terschiedes in den vor-
handenen Versuchser-
gebnissen. Um zu-
nächst einen Überblick
über die Art der auf-
tretenden Verluste und
ihren Einfluß auf den
Wirkungsgrad zu ge-
winnen, sind auf den
Abb. 37, 38 u. 39 die
Wärmediagramme des
Kohlen-, Gas- und elek-
trischen Herdes gegen-
übergestellt. Die Dia-
gramme können nur
einen ungefähren Über-
blick geben, da der
Wirkungsgrad der ein-

Trotzdem wird diese Lage der billigeren
Herstellung wegen meist vorgezogen.
(Noch zweckmäßiger ist der Einbau eines
Strommessers, doch unterbleibt dieser
stets mit Rücksicht auf die Kosten.) Bei
dem Herd auf Abb. 34 sind sie leicht
zugänglich an der Stirnwand unter den
Kochplatten angebracht. Das Backrohr
befindet sich seitlich in handlicher Höhe.
Der amerikanische Herd auf Abb. 35 besitzt ein tiefliegendes Backrohr und trägt
auf der Seite einen eigenen Schaltkasten,
der auch die Sicherungen enthält. Bei
den deutschen Herden sind die Schalter
ebenfalls meist zwischen den Kochplatten
und dem darunter liegenden Bratrohr
eingebaut (Abb. 36).

c) Wirtschaftlichkeit der Beheizungsarten.

Dieser Punkt beansprucht das meiste
Interesse, ist aber nicht leicht zu klären,

Abb. 36. Elektrischer Herd von
Brown, Boveri u. Co. mit Hoch-
leistungskochplatten und tiefliegendem Bratrohr.
Leistungsaufnahme der 3 Kochplatten je 1800 W.
Leistungsaufnahme des Bratrohres 1800 W.

Gefäss-inhalt

7   8

6a

Gefäss- boden   6

5

4a

Flamme   4

3

2

1

theor. Wärmeinhalt der Kohle
=100 %

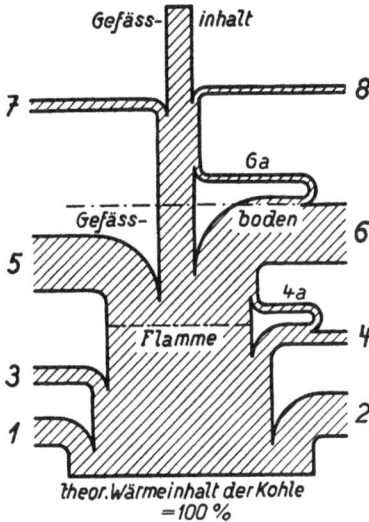

Abb. 37. Wärmediagramm des
Kohlenherdes.

1 Verlust durch Abgase, *2* Verlust
durch unvollkommene Verbrennung,
3 Verlust durch Rückstände, *4* Strah-
lungs- und Leitungsverlust der
Flamme, *4a* Rückgewinnung durch
Vorwärmung der Verbrennungsluft,
5 Verlust durch unausgenützt ab-
fließende Heizgase, *6* Verlust durch
Leitung und Strahlung des Herdes,
7 Verlust durch Verdunstung und
Verdampfung, *8* Verlust durch Leitung und Strahlung des Gefäßes.

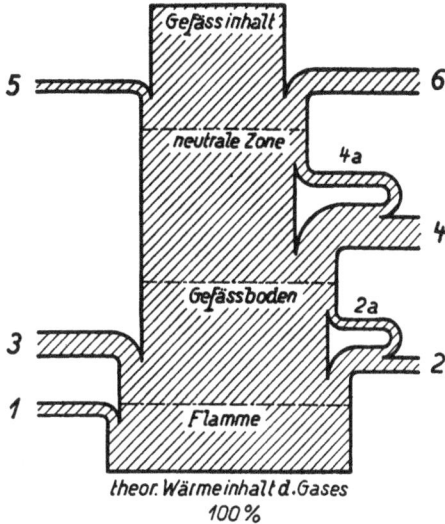

Gefässinhalt

5   6

neutrale Zone   4a

   4

Gefässboden   2a

3   2

1

Flamme

theor. Wärmeinhalt d. Gases
100 %

Abb. 38. Wärmediagramme des Gasherdes.
1 Verlust durch unvollkommene Verbrennung, *2* Strahlungs- und Leitungsverlust
der Flamme, *2a* Rückgewinnung durch
Vorwärmung der Verbrennungsluft, *3* un-
genutzt abströmende Heizgase, *4* Abgas-
verlust, *4a* Rückgewinnung durch Erwärmung der Gefäßseitenwände, *5* Verlust
durch Verdunstung und Verdampfung,
6 Verlust durch Leitung und Strahlung des
Kochgefäßes (Gasverbrauch G. m. b. H.).

Abb. 39. Wärmediagramme der
elektrischen Kochplatte.
1 Verlust durch Leitung und Strahlung infolge schlechter Berührung
zwischen Kochplatte und Gefäßboden, *2* Verlust durch Strahlung
und Leitung der Kochplatte, *2a* Rückgewinnung durch Erwärmung der Gefäßseitenwände, *3* Verlust durch Verdunstung und Verdampfung, *4* Verlust durch Leitung und Strahlung
des Gefäßes.

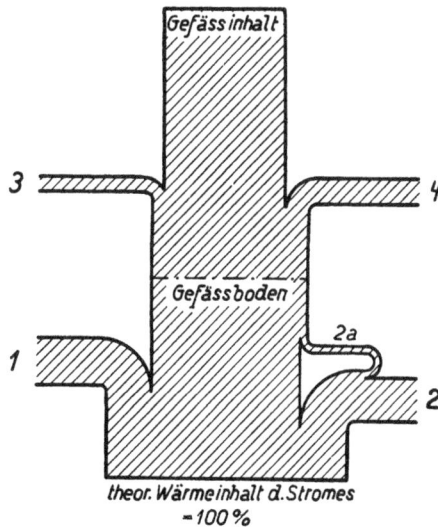

Gefässinhalt

3   4

Gefässboden   2a

1   2

theor. Wärmeinhalt d. Stromes
=100 %

zelnen Beheizungsarten von einer Reihe von Umständen abhängig ist.
Besonders wird er durch die Sorgfalt der Bedienung sehr beeinflußt,
und zwar erfahrungsgemäß am meisten beim Kohlenherd. Aus diesem
Grund gehen auch die Versuchsergebnisse der einzelnen Stellen aus-
einander. Außerdem ist der Wirkungsgrad abhängig von der Güte der
Konstruktion. Durch fehlerhafte Bauart und falsche Bedienung kann der
Wirkungsgrad auf die Hälfte und noch weniger der erreichbaren Höchst-
werte zurückgehen.

Die Basis der Diagramme stellt den gesamten Wärmeinhalt des
Brennstoffes, die abgehenden Streifen stellen die Art der Verluste und
in grober Annäherung auch ihre Größe dar. Der dem Kochgut zu-
fließende Rest ergibt sich aus der Länge der Decklinie des Diagramms.

Welchen Einfluß hat nun der Wirkungsgrad der Beheizung auf die
jährlichen Kosten?

Diese Frage ist auf der nachfolgenden Zahlentafel beantwortet.

Zahlentafel 5.

Wärmeausnutzung verschiedener Brennstoffe im Küchenbetrieb.

Brennstoff	1 kg		Im Herd werden ausgenutzt		Preis von 1000 WE
	Heiz-wert	Preis Pf.	%	WE	Pf.
Holz	3 500	6,6	8	280	23,7
Torf	4 000	3,2	8	320	10,0
Braunkohlenbrikette	4 500	3,9	10	450	9,0
Eiformbrikette	7 000	4,5	10	700	6,5
Anthrazit	8 000	8,4	10	800	10,2
Steinkohlen	7 000	5,0	10	700	7,0
Gaskoks	6 000	4,0	10	600	6,0
Grudekoks	5 800	4,5	16	928	4,6
Benzin	10 600	40	50	5 300	7,5
Mischgas (1 cbm)	3 700	15	55	2 040	7,3
Elektrischer Einzelkocher (1 kWh) . .	860	17	85	730	23,3
Elektrische Kochplatte (1 kWh) . . .	860	17	55	472	36,0

Die Kosten von je 1000 WE nutzbar gemachter Wärme sind beim
Kohlen- und beim Gasherd etwa gleich groß. Die Hausfrau spart also
nichts an Brennstoffkosten, wenn sie einen Kohlenherd verwendet.
Dabei ist allerdings nicht berücksichtigt, daß der Herd im Winter
gleichzeitig zur Heizung dient.

Am teuersten kommt der elektrische Herd zu stehen, sofern man
— wie in der Zusammenstellung angenommen ist — den gesamten
Wärmebedarf zum Preis von 17 Pf. je kWh deckt. Man kann die
Betriebskosten des elektrischen Herdes aber dadurch herabsetzen, daß
man das zum Kochen benötigte heiße Wasser einem elektrischen Heiß-
wasserspeicher entnimmt, dessen Inhalt mit Nachtstrom aufgeheizt
wird. Diesem Umstand ist Rechnung getragen in der Zahlentafel 6,
die den Vergleich der Gesamtjahreskosten enthält.

Zahlentafel 6.

Vergleich des Kohlenherdes mit dem Gas- und dem elektrischen Herd.

Lfd. Nr.	Vortrag		Kohlenherd	Gasherd	elektrischer Herd
1	Anschaffungskosten	RM.	100	150	250
2	Zinsentgang 7%	RM.	7,00	10,50	17,50
3	Lebensdauer	Jahre	10	15	20
4	Erneuerungsrücklage . . .	RM.	7,00	6,0	6,25
5	Unterhalt	RM.	5,00	3,0	5,00
6	Bedienungszeit	h	200	30	20
7	Bedienungskosten	RM.	100	15	10
8	Wirkungsgrad		10	55	70
9	Brennstoff- bzw. Strompreis		5 RM./100 kg	15 Rpf./m³	12,6 Rpf./kWh
10	Heizwert des Brennstoffes .		7000 WE/kg	3700 WE/m³	860 WE/kWh
11	Gesamtwärmebedarf f. Koch- zwecke während ein. Jahres (5 Personen).	WE	850 000	850 000	850 000
12	Brennstoff- bzw. Stromverbr. während eines Jahres . .		19,50 kg[1])	418 m³	1400 kWh
13	Brennstoff- bzw. Stromkosten während eines Jahres . .	RM.	96,00	62,50	176,25
14	Wärmeverbrauch für Raum- heizung an 200 Heiztagen angenommen	WE	$2,5 \cdot 10^6$	$2,50 \cdot 10^6$	$2,50 \cdot 10^6$
15	Hievon durch den Herd ge- deckt	WE	$2,5 \cdot 10^6$	380 000	320 000
16	Durch Zusatzheizg. zu decken	WE	—	$2,12 \cdot 10^6$	$2,30 \cdot 10^6$
17	Kosten für Sammelheizung 1,8 RM f. 1 m² Bodenfläche	RM.	—	21,50	21,50
18	Gesamtjahreskosten	RM.	215,00	118,50	215,00

Hier ist bei den Jahreskosten unter Ziff. 18 sowohl die Raumheiz-
wirkung als auch die Stromersparnis durch Verwendung heißen Wassers
berücksichtigt. Es ist dabei angenommen, daß 40% der zum Kochen
benötigten Wärme zu einem Strompreis von 6 Pf. je kWh erzeugt
werden. Hieraus ergibt sich ein mittlerer Strompreis von 12,6 Pf. Gleichzeitig steigt der Wirkungsgrad von 55 auf 70%. Die Heißwassermengen
für Spül- und Reinigungszwecke, Bad usw. sind dabei nicht berücksichtigt. Sie sind im nächsten Abschnitt getrennt behandelt.

Die Berechnung ergibt, daß unter Einschluß der Kosten für Bedienung das Kochen auf Gas am billigsten kommt, das elektrische Kochen
ist bei einem Strompreis von 17 Pf./kWh erheblich teurer. Dabei ist
allerdings angenommen, daß zur Bereitung der Speisen nur der elektrische
Herd benutzt wird. In der elektrischen Küche kommen jedoch auch
Einzelkochgeräte und Sparkochapparate (Elektroökonom usw.) in Anwendung. Der Wirkungsgrad erhöht sich dadurch auf etwa 80%.
Die Gesamtjahreskosten sinken von 215 RM. auf etwa 200 RM.

---

[1]) Mit 60% Zuschlag für Anheizen und Mehrverbrauch für Raumheizung.

B. Heißwassererzeugung.

Grundsätzlich kann jeder Kochherd zur Erzeugung von heißem Wasser herangezogen werden. Das Wasserschiff des Kohlenherdes fristet ja heute noch sein bescheidenes Dasein in der Ecke der Herdplatte.

Dieser Art der Heißwassererzeugung haften jedoch verschiedene Mängel an:

1. Das heiße Wasser wird auf dem Herd mit geringerem Wirkungsgrad erzeugt als in einem eigenen Heißwassererzeuger;
2. das heiße Wasser steht nicht dauernd zur Verfügung;
3. die nebenbei erzeugten Mengen Heißwasser sind geringfügig. Werden größere Mengen gebraucht, so wird die gesamte Herdfläche hierzu benötigt.

Es gibt Einrichtungen, welche die Verlustwärme des Herdes oder der Kochgefäße zur Heißwassererzeugung ausnutzen, doch können diese nur als Notbehelf angesehen werden.

a) Heißwassererzeugung mit festen Brennstoffen.

Diese Art der Heißwassererzeugung kommt in der Hauptsache nur mehr für Gemeinschaftsversorgung in Frage. In England sind vor Einführung der Gasbeheizung im Haushalt in der Küche Heißwassererzeuger für Koksheizung in umfangreichem Maß verwendet worden. In Deutschland sind sie sehr wenig in Aufnahme gekommen. Häufiger ist bei uns die Verbindung der Heißwassererzeugung mit dem Waschkessel zu finden. Hierüber folgen noch einige Angaben im IV. Teil des Buches.

Die Gemeinschaftsversorgung eines Hauses mit heißem Wasser von einem im Keller befindlichen Kessel aus hat sich nicht in dem Maß durchzusetzen vermocht wie die Sammelheizung. Es hat das seinen Grund daran, daß sie eine zwar bequeme, aber wegen der erheblichen Wärmeverluste verhältnismäßig unwirtschaftliche Einrichtung bildet.

Es entstehen Verluste durch Strahlung und Leitung des Heißwasserkessels, durch Wärmeaufnahme der Rohrleitung, durch Wärmeabgabe an die Umgebung und durch unnütze Erwärmung des Wasserinhaltes der Rohrleitung zwischen Kessel und Zapfstelle, durch Mehrverbrauch an warmem Wasser, das man zu Beginn der Wasserentnahme weglaufen läßt, weil es wegen seines Gehaltes an Kesselstein getrübt ist.

Wenn auch die einzelnen Verlustquellen nicht erheblich sind, so setzen sie doch in ihrer Gesamtheit den Wirkungsgrad der Anlage so weit herab, daß es in vielen Fällen wirtschaftlicher ist, das heiße Wasser an der Verbrauchsstelle selbst mit Gas oder elektrischem Strom zu erzeugen. Nur bei Versorgung großer Häuserblocks kommt sie wirtschaftlich in Frage.

b) Heißwassererzeugung mit Gas.

Bei Verwendung von Gas oder elektrischem Strom kommen zwei verschiedene Arten von Heißwassererzeugern in Frage: der Vorrats- und der Durchlaufserhitzer.

Der Vorratserhitzer besitzt den Vorteil, daß der gesamte Wasserinhalt im Bedarfsfall sofort zur Verfügung steht. Er erfordert keine so großen Gasbrenner und daher auch keine so starken Rohrleitungen und Gasmesser wie der Durchlauferhitzer. Sein Nachteil liegt in der verhältnismäßig langen Aufheizzeit und in den Wärmeverlusten, die auch während der Betriebspausen und in der Nacht auftreten. Ein zylindrischer, unisolierter Behälter von 25—100 l Inhalt verliert während 8 Stunden 40% seines Wärmeinhaltes. Durch die Isolierung kann dieser Verlust auf 8—10% herabgesetzt werden.

Abb. 40. Englischer Heißwassererzeuger mit 2 Behältern. (Potterton, London.)

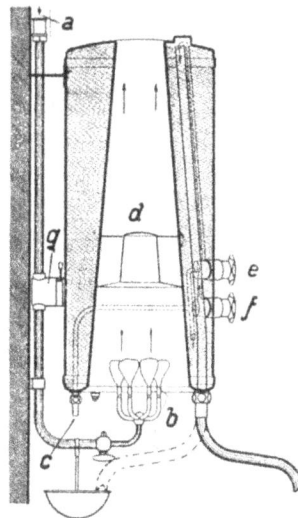

Abb. 41. Vorratserhitzer der Junkerswerke, Gasverbrauch 180—2400 l/h. *a* Gaseintritt, *b* Brenner, *c* Wassereintritt, *d* Lamellenheizkörper, *e* Mischhahn, *f* Absperrhahn, *g* Temperaturregler.

Um die Abkühlungsverluste während der Nacht zu vermeiden, verwendet man in England Apparate mit zwei Behältern von verschiedener Größe (Abb. 40). Der untere kleine Behälter mit 10—20 l Inhalt ist mit dem Gasbrenner vereinigt.

Durch ein Umlaufsystem, verbunden mit einem Temperaturregler, wird das Wasser dauernd auf einem bestimmten hohen Wärmegrad erhitzt. Tagsüber ist auch der obere Behälter angeschlossen. Dessen Inhalt wird durch das gleiche Umlaufsystem auf der gewünschten Temperatur erhalten. Dieser Behälter kann über Nacht abgeschaltet werden, wodurch sich die Wärmeverluste vermindern. Ist sein Inhalt am Abend vorher verbraucht worden, so treten keine Verluste während der Nacht auf. Dafür muß aber in Kauf genommen werden, daß es am nächsten Morgen längere Zeit dauert, bis der Wasserinhalt wieder hochgeheizt ist.

Abb. 41 zeigt einen deutschen Vorratserhitzer für eine Zapfstelle zur Befestigung an der Wand. Das zu erwärmende Wasser befindet sich in einem Doppelzylinder, der die Heizkammer umschließt. Die Heißgase strömen in der Heizkammer hoch und geben dabei ihre Wärme an die Innenwand des Wasserbehälters ab.

Bei dieser Art der Wärmeabgabe besteht ein starkes Mißverhältnis bezüglich des Grades der Wärmeübertragung von den Heizgasen an die Metallwand und von der Metallwand an das Wasser. Bei den vorhandenen Temperaturunterschieden nimmt die Metallwand von den Heizgasen nur $^1/_5$ der Wärmemenge auf, die sie an das Wasser abgeben könnte. Bei glatter Oberfläche müßte die von den Heizgasen berührte Oberfläche etwa 5 mal größer ausgeführt werden, als es mit Rücksicht auf die Wärmeübertragung von der Metallwand auf den Wasserinhalt notwendig wäre. Platzbedarf und Preis der Apparate würden erheblich wachsen.

Diese unnötige Vergrößerung der Oberfläche wird bei den heutigen Heißwassererzeugern durch Anordnung von Heizlamellen umgangen. Bei dem Apparat auf Abb. 41 sind sie etwa in der Mitte der Heizkammer eingebaut. Sie vergrößern die heizgasberührte Oberfläche derart, daß die Wärmeübertragung auf beiden Seiten der Metallwand angenähert gleich groß wird.

Der Wirkungsgrad dieser Apparate ist sehr günstig. Er beträgt zwischen 70% und 140% der normalen Belastung etwa 90%.

Die unter dem Leitungsdruck stehenden Heißwassererzeuger können auch zur Versorgung mehrerer Zapfstellen verwendet werden. Die heute auf dem Markt befindlichen Heißwassererzeuger sind fast sämtlich so gebaut, daß sie dem Leitungsdruck standhalten. Zum Schutz gegen Dampfbildung und der damit verbundenen Explosionsgefahr werden sie mit einer Einrichtung zur selbsttätigen Regelung der Temperatur versehen. Unter Leitungsdruck stehende Vorratserhitzer, welche die Nacht über unbeaufsichtigt eingeschaltet bleiben, sind außerdem mit einem Sicherheitsventil auszurüsten.

Der Anschluß verschiedener Zapfstellen an einen Heißwassererzeuger ist an und für sich ganz zweckmäßig, bringt aber die bereits erwähnten Rohrleitungsverluste mit sich, die auch bei geringer Leitungslänge nicht vernachlässigt werden können.

Bei Gas- und elektrischer Heizung spielen sie eine größere Rolle als bei Kohlenheizung, da die erzeugte Wärme kostbarer ist.

Die Berechnung dieser Verluste gestaltet sich wie folgt:

Es sei:

die Rohrleitungslänge . . . . $l = 1000 \, \text{cm}$

der Innendurchmesser der Rohrleitung . . . . $d_i = 1,9 \quad \text{cm}$
$$(\text{}^3/_4 \, \text{cm engl.})$$

der Außendurchmesser . . . . $d_a = 2,7 \, \text{cm}$

die Temperatur der Zimmerluft . . . . $t_1 = 20^0 \, \text{C}$

die Anfangstemperatur des Leitungswassers . . . . . $t_0 = 10^0 \, \text{C}$

die Endtemperatur des Leitungswassers . . . . $t_e = 50^0 \, \text{C}$

die Oberflächentemperatur der Leitung . . . . $t_s = 40^0 \, \text{C}$

die Wärmeübergangszahl von der Rohrleitung an Luft für
1^0 Temperaturunterschied und 1 m² Rohroberfläche $\quad = c$

die spez. Wärme des Eisens . . . . $c_1 = 0,115.$

Dann ist der Verlust durch Wärmeaufnahme der Rohrleitung

$$V_1 = \left(\frac{d_a{}^2 \pi}{4} - \frac{d_i{}^2 \pi}{4}\right) \cdot l \cdot c \cdot (t_e - t_1)$$
$$= \left(\frac{2,7^2 \pi}{4} - \frac{1,9^2 \pi}{4}\right) \cdot 1000 \cdot \frac{0,115}{1000} \, (50 - 20)$$
$$= (5,50 - 2,90) \, 0,115 \cdot 30 = 2,60 \cdot 0,115 \cdot 30 = 9 \, \text{kcal.}$$

Bei dieser Berechnung ist angenommen, daß die Temperatur der Rohrleitung gleich der Heißwassertemperatur ist. Diese Annahme ist etwas zu ungünstig, dafür vergrößert sich aber der Verlust wieder etwas durch Miterwärmung von Mauerwerk usw., sodaß der angegebene Wert belassen werden kann.

Der Verlust durch Wärmeabstrahlung und Ableitung ergibt sich aus

$$V_2 = \frac{d_a \pi}{100} \cdot l \cdot c \, (t_3 - t_1)$$

dabei ist
$$c = 1,02 \sqrt[4]{\frac{t_3 - t_1}{d_a}}$$

$$c = 1,02 \sqrt[4]{\frac{20}{0,027}} = 5,4$$

$$V_2 = \frac{2,7 \cdot \pi}{100} \cdot 10 \cdot 5,4 \cdot (40 - 20)$$

$$V_2 = 0,8 \cdot 5,4 \cdot 20 = 87 \, \text{WE in der Stunde.}$$

Der Verlust durch Erwärmung des Inhaltes der Rohrleitung wird

$$V_3 = \frac{d_i{}^2 \pi}{4 \cdot 10^3} \cdot l \cdot (t_e - t_0) = \frac{1,9^2 \pi}{4 \cdot 10^3} \cdot 1000 \, (50 - 10)$$

$$= 2,84 \cdot 40 = 114 \, \text{WE.}$$

4*

Die einzelnen Verluste treten um so mehr in Erscheinung, je kleiner die an der Zapfstelle entnommene Wärmemenge ist. Werden z. B. 5 l entnommen und diese 5 l im Apparat mit 90° Wirkungsgrad erhitzt, so beträgt der nutzbare Wärmeaufwand

$$W = 5 \cdot (50 - 10) = 200 \text{ WE},$$

der verlorene mindestens

$$V = V_1 + V_2 + V_3 = \left(9 + \frac{87}{120} + 114\right) = 124 \text{ WE}.$$

Der Verlust V_2 ist bei kleinen Mengen zu vernachlässigen, wenn die Zeit für den Auslauf des Wassers kurz ist. Hier ist angenommen, daß die 5 l Wasser in 30 sec ausfließen.

$$V_2 \text{ beträgt dann nur } \frac{87}{120} = 0,7 \text{ WE.}$$

Der Wirkungsgrad der Wärmeerzeugung von 90% sinkt auf

$$90 \frac{W}{W + V} = 90 \cdot \frac{190}{190 + 124} = 54\%.$$

Auf Abb. 42 ist der Verlauf des Wirkungsgrades abhängig von der entnommenen Wassermenge bei 10 m Rohrlänge aufgetragen. Abb. 43 zeigt den Verlauf abhängig von der Entfernung zwischen Heißwassererzeuger und Zapfstelle bei einer bestimmten Wasserentnahme (5 l). Die vorerwähnten Verluste treten auch beim Durchlauferhitzer auf.

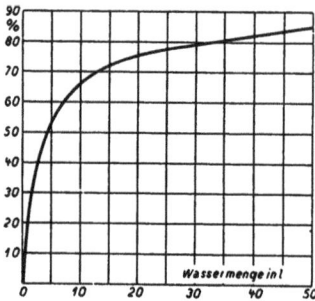

Abb. 42. Verlauf des Wirkungsgrades der Heißwassererzeugung abhängig von der entnommenen Wassermenge bei 10 m Entfernung zwischen dem Heißwassererzeuger und der Zapfstelle.

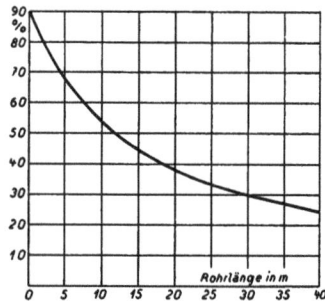

Abb. 43. Verlauf des Wirkungsgrades der Heißwassererzeugung abhängig von der Entfernung zwischen Heißwassererzeuger und Zapfstelle bei gleichbleibender Wasserentnahme (jeweils 5 l).

Abb. 44 zeigt den bekannten Stromautomaten der Firma Junkers in Dessau. Bei diesen Apparaten erfolgt die Erhitzung des Wassers beim Durchfluß durch eine von den Heizgasen umspülte Rohrleitung, die sich im Innern des Apparates befindet.

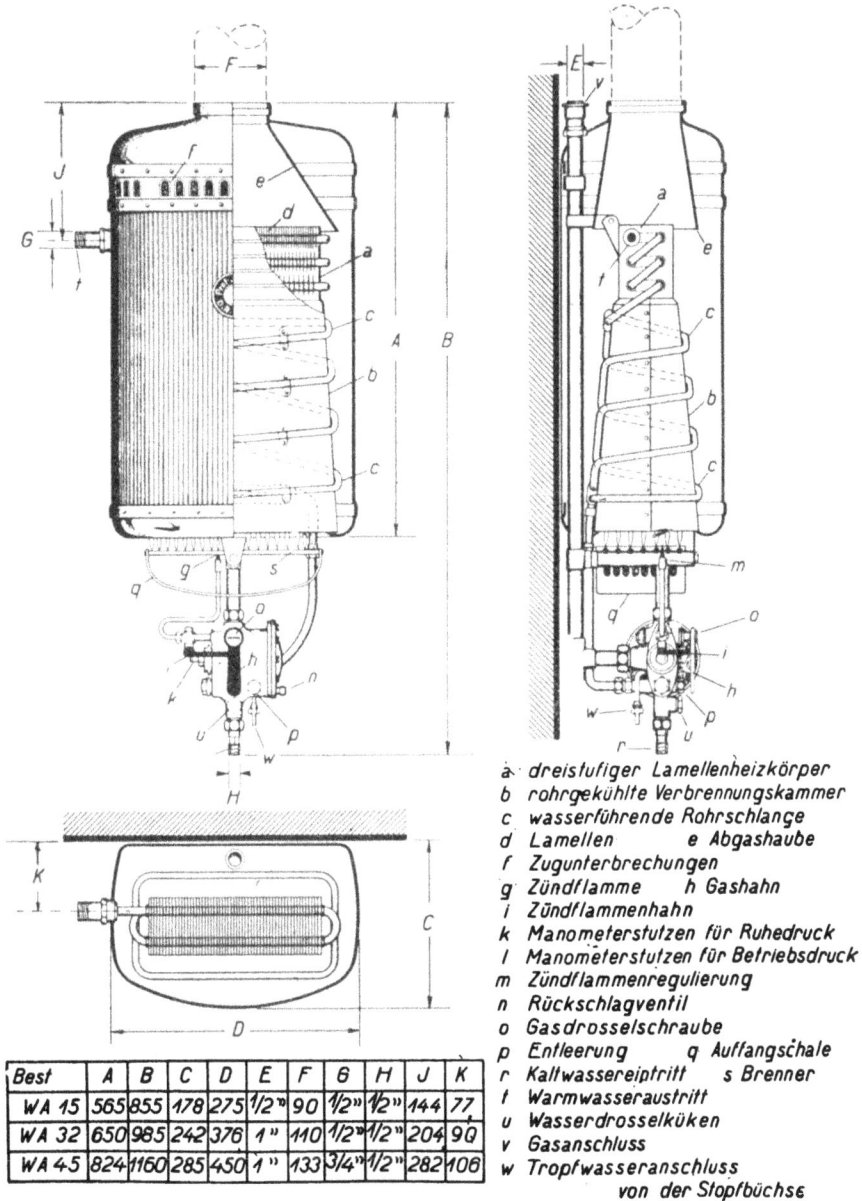

a dreistufiger Lamellenheizkörper
b rohrgekühlte Verbrennungskammer
c wasserführende Rohrschlange
d Lamellen   e Abgashaube
f Zugunterbrechungen
g Zündflamme   h Gashahn
i Zündflammenhahn
k Manometerstutzen für Ruhedruck
l Manometerstutzen für Betriebsdruck
m Zündflammenregulierung
n Rückschlagventil
o Gasdrosselschraube
p Entleerung   q Auffangschale
r Kaltwassereiptritt   s Brenner
t Warmwasseraustritt
u Wasserdrosselküken
v Gasanschluss
w Tropfwasseranschluss
      von der Stopfbüchse

Best	A	B	C	D	E	F	G	H	J	K
WA 15	565	855	178	275	1/2"	90	1/2"	1/2"	144	77
WA 32	650	985	242	376	1"	110	1/2"	1/2"	204	90
WA 45	824	1160	285	450	1"	133	3/4"	1/2"	282	106

Abb. 44. Heißwasserstromautomat der Junkerswerke Dessau.
(Gasverbrauch 2,7—14 m³/h.)

Da auch hier zur Übertragung einer bestimmten Wärmemenge von den Heizgasen nach der Rohrwand etwa die fünffache Oberfläche notwendig ist wie zur Übertragung der gleichen Wärmemenge von der

Rohrwand an das Wasser, so sind auf der Außenseite der Rohrleitung Lamellen befestigt, welche die Rohroberfläche entsprechend vergrößern.

Der Vorzug dieser Stromautomaten liegt in ihrer steten Betriebsbereitschaft und in dem Wegfall der Wärmeverluste durch Abstrahlung und Leitung der Apparatoberfläche.

An deren Stelle tritt allerdings der Verlust durch unnötige Erhitzung des Wasserinhaltes der Rohrleitung im Innern des Apparates und der Verlust durch die Wärmeaufnahme des Heizkörpers. Der Wasserinhalt dieser Apparate ist allerdings gering (0,4—0,6 l), ebenso auch die Metallmasse der Heizkörper.

Werden z. B. einem solchen Apparat mit 0,5 l Wasserinhalt 5 l Wasser entnommen und erfolgt die Erwärmung des Wassers mit einem Wirkungsgrad von 90%, so sinkt dieser von 90% auf

$$\cdot \frac{5}{5+0,5} = 84\%.$$

Befindet sich die Zapfstelle 10 m entfernt, so treten noch die Rohrleitungsverluste von 124 WE hinzu. Der Gesamtwirkungsgrad beträgt dann

$$84 \cdot \frac{190}{124+190} = \frac{84 \cdot 190}{314} = 50\%.$$

Erfolgt die Wasserentnahme so rasch hintereinander, daß sich der Wasserinhalt der Rohre in der Zwischenzeit nicht abkühlt, so wird ein Teil der Wärme wieder nutzbar gemacht.

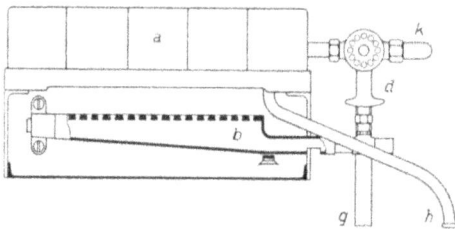

Abb. 45. Englischer Heißwassererzeuger für eine Zapfstelle (Heißwassermenge 9 l/min).

Aus den vorstehenden Berechnungen geht hervor, wie zweckmäßig die unmittelbare Aneinanderreihung der Wirtschaftsräume ist. Die sämtlichen Zapfstellen liegen dann ganz nahe beieinander und die Rohrleitungsverluste werden klein.

Liegen die Zapfstellen weiter auseinander, so ist der Heißwassererzeuger möglichst nahe an die Zapfstelle anzubringen, die am häufigsten gebraucht wird. Das ist stets die Küche. Hier werden kleinere Wassermengen in größerer Anzahl abgezapft, so daß die Rohrleitungsverluste am stärksten in Erscheinung treten. Eine größere Entfernung zum Bad spielt keine besondere Rolle, da die Verluste bei der erforderlichen großen Wassermenge nur unbedeutend ins Gewicht fallen.

Abb. 45 zeigt einen englischen Durchlauferhitzer, der sich durch seine gedrungene Bauart und sein gefälliges Äußere auszeichnet. Der Apparat liefert je nach Größe 6—9 l in der Minute. Der Wirkungsgrad wird mit 88,5% angegeben. Der Preis beträgt 165—180 RM.

c) Heißwassererzeugung mit elektrischem Strom.

Hier kommt der Durchlauferhitzer nur für kleine Wassermengen in Frage. Vom rein technischen Standpunkt aus wäre es natürlich möglich, auch Apparate für größere Wasser-mengen zu bauen. Vor einigen Jahren hat man auch deren Einführung versucht. Das Hindernis liegt lediglich im Querschnitt der Zuleitung und im Strompreis. Ein Apparat für eine Minutenleistung von 5 l Heißwasser müßte eine Stromaufnahme von

$$\frac{(50-12)\cdot 5\cdot 60}{860\cdot 0,9} = 25 \text{ kW}$$

aufweisen. Die Anfangstemperatur des Wassers ist dabei zu 12°, die Endtempe-ratur zu 50° C, der Wirkungsgrad des Appa-rates zu 90% angenommen.

Für derartige Leistungen sind unsere Leitungsanlagen nicht geeignet. Auch bei einer nach unseren heutigen Begriffen reich-lichen Bemessung der Leitungsquerschnitt in den Häusern würde bei jedesmaligem Ein- und Ausschalten ein Zucken der elek-trischen Beleuchtung eintreten.

Für größere Wassermengen kommt daher nur der mit Nachtstrom aufgeheizte Speicher in Frage.

Durch dessen Einführung ist das elek-trische Kochen erst lebensfähig geworden. Die Erzeugung des heißen Wassers mit elektrischen Einzelgeräten (sog. Wasser-kochern) ist nur bei geringen Strompreisen wirtschaftlich. Der bessere Wirkungsgrad des Speichers bewirkt auch eine Herab-setzung des Stromverbrauchs.

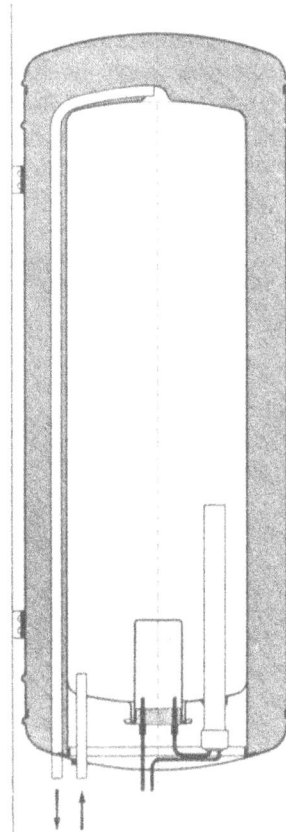

Abb. 46. Elektrischer Heiß-wasserspeicher der Prome-theus A.-G. Schnitt. (Leistungsaufnahme 650 W).

Auf der folgenden Zahlentafel 7 ist der tägliche Stromverbrauch in der Küche ohne und mit Verwendung eines Heißwasserspeichers gegenübergestellt. Der Unterschied beträgt etwa 20%.

Küche		Zahl der Personen						
		2	3	4	5	6	7	8
Täglicher Stromver-brauch pro kWh	ohne Heißwasserspeicher	1,4	1,4	1,3	1,2	1,2	1,1	1,0
	mit Heißwasserspeicher	1,2	1,2	1,1	1,0	1,0	0,9	0,8

Es befinden sich eine ganze Reihe von Heißwassererzeugern auf dem Markt. In ihrem grundsätzlichen Aufbau sind sie ziemlich gleich. Der Unterschied erstreckt sich nur auf konstruktive Einzelheiten.

Der Apparat auf Abb. 46 faßt 50 l und ist in zylindrischer Form gebaut. Das kalte Wasser tritt unten in den Apparat ein, wird an der Heizpatrone erwärmt, steigt nach oben und wird von dort abgezapft. Überschreitung der Höchsttemperatur wird durch den Temperaturregler verhindert, der rechts neben der Heizpatrone eingebaut ist. Die bauliche Ausführung der einzelnen Teile ist auf der Abb. 47 deutlich zu erkennen.

Abb. 47. Elektrischer Heißwasserspeicher der Prometheus A.-G.
Ansicht.

Heizpatronen und Regler müssen leicht herausnehmbar sein, damit sie ohne besondere Mühe von Kesselstein gereinigt und im Bedarfsfall ersetzt werden können. Auf die Möglichkeit der Reinigung von Kesselstein ist beim gesamten Aufbau dieser Apparate genügend Rücksicht zu nehmen. Nicht bei allen auf dem Markt befindlichen Erzeugnissen ist dies in ausreichendem Maß der Fall.

Die lange Erwärmungsdauer bewirkt starke Kesselsteinausscheidung am Boden, an der Heizpatrone und am Temperaturregler. Durch den Kesselsteinansatz wird die Wärmeübertragung verschlechtert und damit der Wirkungsgrad herabgesetzt. Beim Temperaturregler bewirkt der Kesselsteinansatz Verzögerung in der Wirkung wegen des größeren Temperaturgefälles zwischen dem Wasser und dem im Innern des Reglers befindlichen Wärmefühlern. Der Regler schaltet den Strom erst bei einer zu hohen Temperatur aus und bei einer zu tiefen wieder ein.

Bei den elektrischen Heißwassererzeugern ist auch besonderer Wert auf gute Wärmeisolierung zu legen.

Das Abflußrohr für das heiße Wasser muß in die Isolierschicht eingeschlossen werden, da dessen Wärmeabgabe an den Raum den Wirkungsgrad des Apparates erheblich herabsetzen würde. Bei einem gut isolierten Speicher darf der Wärmeverlust innerhalb 24 Stunden nicht mehr als 16% betragen. Abb. 48 zeigt die Aufheiz- und Abkühlungszeit eines Speichers von 50 l Inhalt. Der Wirkungsgrad der Apparate schwankt je nach Größe zwischen 90 und 95%. Er wird beeinflußt durch die Länge der Aufheizzeit und die Zeitspanne zwischen Aufheizung und Wasserentnahme.

Der erhebliche Unterschied in den Wärmeverlusten bei isolierter und nicht isolierter Ausführung läßt die Anwendung der Isolierung auch bei gasbeheizten Vorratserhitzern ratsam erscheinen. Meines Wissens wird hiervon allerdings bis jetzt noch kein Gebrauch gemacht.

Im allgemeinen werden die Elektrospeicher nur für eine Zapfstelle verwendet (Überlaufspeicher). Werden mehrere Zapfstellen angeschlossen, so muß der Apparat dem Druck der Wasserleitung standhalten

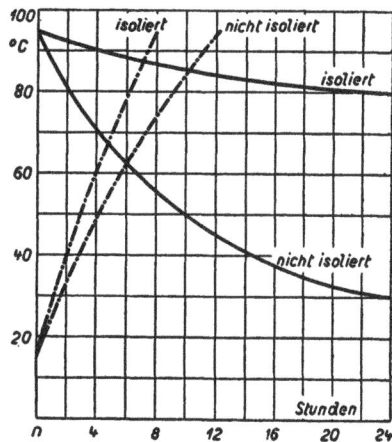

Abb. 48. Aufheiz- und Abkühlungskurven eines Heißwasserspeichers von 50 l Inhalt (Leistungsaufnahme 650 W, Raumtemperatur 15° C.

·—·— Aufheizung, ——— Abkühlung.

können. Außerdem ist bezüglich der Wärmeverluste in der Rohrleitung das auf S. 52 Gesagte zu beachten.

d) Wirtschaftlicher Vergleich.

Die nachfolgende Zusammenstellung bringt einen Vergleich der vier Hauptmöglichkeiten der Heißwassererzeugung im Haushalt. Unter Einschluß der Bedienungskosten ergeben sich die geringsten Kosten bei der Gemeinschaftsheizung, wobei jedoch zu berücksichtigen ist, daß die Beträge für Anlage, Unterhalt und Bedienung nur für einen Häuserblock von 100 Wohnungen gelten. Schon bei gemeinschaftlicher Versorgung von weniger als 50 Wohnungen ist die Wirtschaftlichkeit in Frage gestellt. Die Betriebskosten des elektrischen Heißwasserspeichers sind bei einem Gaspreis von 15 Rpf. etwas höher als die des gasbeheizten Stromautomaten; bei einem Gaspreis von 19 Rpf./m³ sind die Kosten gleich groß.

Zahlentafel 8.

Vergleich verschiedener Möglichkeiten der Heißwassererzeugung.

Nr.		Kohlenherd mit Heiß- wasser- erzeugung	Gas- beheizter Heiß- wasser- strom- automat	Mit Nacht- strom beheizter elektrischer Heißwasser- speicher	Gemein- schafts- erzeugung mit Koks
1	Anlagekosten . . . . RM.	300	300	300	108[1])
2	Verzinsung, Tilgung				
	12 % . . . . RM.	36	36	36	13
	Unterhalt 5 % bzw. 3 % RM.	15	9	9	5,40
	Wärmeinhalt des				
	Brennstoffs . . . . WE	7000/kg	3700/m³	860/kWh	6500/kg
5	Wirkungsgrad der Er- zeugung und Fort-				
	leitung . . . . . . %	40	75	92	30
6	Jährlicher Heißwasser-				
	verbrauch . . . . . m³	40	40	40	40
7	Jährlicher Brennstoff- bzw. Stromverbrauch bei 10° C Anfangs- und 55° C End- temperatur des heißen				
	Wassers	645 kg	650 m³	2270 kWh	921 kg
8	Einheitskosten des Brenn-				
	stoffs	5 RM./100 kg	15 Pf./m³	6 Pf./kWh	4,2 M./100 kg
9	Brennstoff- bzw.Strom-				
	kosten . . . . . RM.	32,20	97,50	137,20	38,60
10	Kosten für Bedienung RM.	50,00	—	—	13,20
11	Gesamtjahreskosten RM.	133,20	142,50	182,20	70,20

C. Kochgeschirrfragen.

a) Baustoff.

Als Baustoffe für Kochgeschirre kommen heute in Frage:
Schmiedeeisen bzw. Stahl mit einem Überzug aus Emaille, Eisen-
oxyden, Lack, Zinn, Nickel oder Chrom. Außerdem Aluminium, Kupfer,
Nickel, Gußeisen, Ton, Porzellan und Glas. Die heute am meisten
verwendeten Baustoffe sind Aluminium und Emaille. Der Grund hierfür liegt in ihrer Billigkeit.

Ein weiterer Vorzug ist ihre Unempfindlichkeit gegen chemische
Einflüsse des Luftsauerstoffs und zwar steht in dieser Hinsicht das
Emaillegeschirr an der Spitze. Leider springt es bei Überhitzung leicht
ab. Der zutage tretende Eisenboden ist baldiger Zerstörung ausgesetzt
und besitzt die unangenehme Eigenschaft, Oxyde an die Speisen abzu-
geben. Dieselben sind zwar vollkommen unschädlich, verleihen aber
besonders den säurehaltigen Speisen eine unschöne Färbung. Die

---

[1]) Für einen Häuserblock von 100 Wohnungen nach Dr.-Ing. Arnoldt, Gesund-
heitsingenieur, Heft 23, 1928, 377.

Lebensdauer der Emaillegeschirre wird durch das Absplittern erheblich herabgesetzt. Ohne diesen Mißstand wären sie unverwüstlich.

Das Aluminium ist für Gefäße, die nicht erwärmt werden, ein ausgezeichneter Baustoff. Es ist in weitgehendem Maße unempfindlich gegen Säuren, dagegen sehr empfindlich gegen Alkalien.

In erhitztem Zustand steigt seine Empfindlichkeit gegen chemische Einflüsse, so daß es durch den Gebrauch beim Kochen bald unansehnlich wird. Seine Widerstandsfähigkeit gegen Stoß ist nur bei größerer Wandstärke ausreichend. Das gleiche gilt auch für die Formänderung beim Erhitzen. Bekanntlich wird der Boden des Aluminiumgeschirrs bei zu geringer Stärke bald uneben, ein Umstand, der beim Kochen auf geschlossenen elektrischen Kochplatten erheblich in die Waagschale fällt. Besonders der Boden sollte stark gehalten werden. Die Bodendicke sollte nicht unter $1/_{40}$ des Durchmessers betragen. Starkes Aluminiumgeschirr besitzt genügend Widerstandsfähigkeit gegen mechanische Beschädigung. Schwaches Geschirr geht jedoch daran bald zugrunde.

Die Haltbarkeit des Aluminiums hängt außerdem sehr von dessen Reinheit ab. Besonders wirkt ein zu hoher Gehalt an Silizium schädlich. Sind freie Siliziumkristalle im Aluminium eingesprengt, so treten punktförmige Korrosionen dadurch auf, daß die Alkalien zwischen diese Kristalle und das Aluminium eindringen und Zerstörungen hervorrufen. Auch an der Perforation, die sich in dem Entstehen schwarzer Punkte äußert, ist der zu hohe Siliziumgehalt schuld.

Korrosionen treten auch auf bei zu grobem Korn des Baustoffes oder zu rauher Oberfläche. Bei einer rauhen Oberfläche sind die Poren des Metalls weit. Die schädlichen Stoffe setzen sich in diesen Poren fest und beginnen hier ihr Zerstörungswerk. Je glatter die Oberfläche ist, desto enger sind die Poren, desto weniger haben schädliche Stoffe die Möglichkeit, in das Metall einzudringen.

Aus diesem Grund hält sich hochglanzpoliertes Aluminiumgeschirr viel länger als geschmirgeltes. Leider wird auf diesen Punkt noch nicht genügend geachtet. Aufblähungen entstehen durch porenhaltiges Material oder durch Verwendung von unreinen Altstoffen. Berührung mit anderen Metallen (Griffen usw.) ruft häufig eiförmige Korrosionen durch Elementbildung an der Berührungsstelle hervor.

Am schädlichsten wirken Walz- und Ziehfehler im Aluminiumblech. Die Metallschichten haften — dem Auge unsichtbar — nicht genügend aneinander, es bilden sich Splitter und Spalten, in denen sich die schädlichen Stoffe ansammeln können. Auf diese Weise entstehen die bekannten strichförmigen Korrosionen. Starkes Aluminiumgeschirr ist gegen Korrosionen weniger empfindlich als schwaches.

Wie jeder Baustoff — rostfreier Stahl ausgenommen — so gibt auch das Aluminium beim Kochen und besonders bei längerer Auf-

bewahrung von Speisen Salze in geringer Menge an diese ab. Es ist
einige Male behauptet worden, daß diese Salze, besonders bei Schwämmen,
auf die Dauer schädlich wirken, doch ist ein Nachweis für die Richtig-
keit dieser Behauptung bisher nicht erbracht worden.

Um das Aluminium gegen Korrosion zu schützen, überzieht man
dasselbe in anderen Zweigen der Technik nach dem Verfahren von
Jirotka mit einer Schutzschicht. Leider ist nach Mitteilung der Firma
dieses Verfahren für Kochgeschirre praktisch nicht anwendbar.

Ein weiterer, viel verwendeter Baustoff ist das Nickel. Es wird
verwendet als Reinnickel oder aufgeschweißt auf Eisen. Bei der nahen
chemischen Verwandtschaft zwischen Eisen und Nickel haftet der
Überzug sehr gut.

Sowohl das Reinnickel als auch das nickelplattierte Geschirr ist
gegen Stoß ziemlich unempfindlich. Gegen Korrosion ist Nickel widerstandsfähiger als Aluminium. Es bildet sich jedoch unter der Einwirkung des Sauerstoffs der Luft auch im unbenutzten Zustand eine
Oxydschicht, das Geschirr läuft an. Von Säuren wird Nickel ange-
griffen. Es geht dann Nickel in Form von Salzen an die Speisen über.
Nach Versuchen von Prof. Dr. K. B. Lehmann in Würzburg wirken
diese Salze nur in größeren Mengen schädlich. Solange die täglich
aufgenommene Menge 2 mg je kg Körpergewicht nicht übersteigt, kann
sie als unbedenklich bezeichnet werden.

Kupfergeschirr wird im Haushalt nur mehr in geringem Umfang
verwendet. Sein Hauptnachteil ist die Bildung des sehr giftigen Grün-
spans. Der Überzug aus Zinn, der zum Schutz dagegen aufgebracht
wird, besitzt keine sehr lange Lebensdauer. Er muß öfter erneuert
werden. Außerdem oxydiert das Zinn unter der Einwirkung von Säuren.
Es wird schwarz.

Gewöhnliches Schmiedeeisen oder Stahl kann im ungeschützten
Zustand wegen der starken Oxydbildung nicht zu Kochgeschirren verwendet werden.

Die einfachste Form des Schutzes besteht in der Oxydierung.
Das Eisen wird zu diesem Zweck mit sauerstoffabgebenden Mitteln
behandelt, die entweder im kalten oder erhitzten Zustand eine Oxyda-
tion des Geschirrs herbeiführen. Diese künstlich aufgebrachten Oxyd-
schichten besitzen jedoch im allgemeinen keine sehr lange Lebensdauer,
wenn die Geschirre mit Sand und Bürste bearbeitet werden. Meist
geben sie auch dem Geschirr ein unscheinbares Aussehen. Viel angewendet wird der Überzug aus Zinn, doch gilt hier das gleiche wie beim
verzinnten Kupfergeschirr.

Haltbarer ist die Oxydschicht bei Gußeisen. Sie bildet sich bereits
in der Gußform. Gußeisen ist gegen chemische Angriffe erheblich
widerstandsfähiger als Schmiedeeisen, besitzt jedoch den Nachteil, daß
es infolge seiner größeren Wandstärke dem Wärmedurchgang etwas

mehr Widerstand entgegensetzt als die andern Geschirre. Auch ist es bei grober Behandlung der Bruchgefahr ausgesetzt.

In erhöhtem Maß gilt dies für die Geschirre aus Ton, Porzellan und Glas. Ihre Empfindlichkeit gegen Stoß und Überhitzung zwingt zur Verwendung großer Wandstärken, die in Verbindung mit der geringen Wärmeleitfähigkeit ungünstig auf den Wärmedurchgang einwirken. Sie werden deshalb meist nur zum Backen verwendet, da hierbei die vorerwähnten Eigenschaften weniger störend in die Erscheinung treten.

Der wertvollste Baustoff für Kochgeschirre ist der rostwiderstandsfähige Stahl. Er ist praktisch vollkommen unempfindlich gegen alle chemischen Einwirkungen. Die Geschirre behalten deshalb ihr blankes Aussehen jahrelang unverändert bei. Infolge der großen Härte ist das Geschirr auch unempfindlich gegen mechanische Beschädigungen. Leider ist der Anschaffungspreis recht hoch. Berücksichtigt man aber die lange Lebensdauer und die geringen Reinigungskosten, so ist die Beschaffung doch wirtschaftlich, wie Zahlentafel 9 zeigt. Dasselbe Bild ergibt sich auch bei den Bestecken aus rostfreiem Stahl.

Zahlentafel 9.

Vergleich der Jahreskosten verschiedener Kochgefäße.

	Vortrag	Einheit	Aluminium schwach Bodenstärke 0,8 mm	Aluminium stark Bodenstärke 2 mm	Chromargan (rostfreier Stahl)
1	Anschaffungskosten . .	RM.	1,90	3,20	21,00
2	Zinsentgang 7% . . .	RM.	0,13	0,22	1,47
3	Lebensdauer	Jahre	2	5	50
4	Erneuerungsrücklage .	RM.	0,93	0,56	0,50
5	Reinigung	RM.	7,50	5,00	2,50
6	Gesamtkosten	RM.	8,56	5,78	4,47

Von Wichtigkeit für das Aussehen und die Brauchbarkeit der Geschirre ist auch der Baustoff der Henkel. Gewöhnlich werden sie aus demselben Baustoff gefertigt wie das Geschirr selbst.

Am wenigsten geeignet sind die Henkel aus gut wärmeleitenden Stoffen wie Kupfer, Aluminium, Messing usw., da sie bei Gebrauch sehr heiß werden. Eisen ist in der Form des langen Stiels verwendbar, da es ein wesentlich geringeres Wärmeleitvermögen besitzt als Aluminium.

Besonders gut geeignet ist eine Nickellegierung mit 30% Nickelgehalt und einer geringen Menge Chrom (etwa 1%). Diese Legierung besitzt eine besonders niedrige Wärmeleitfähigkeit, aber merkwürdigerweise nur bei dieser bestimmten Zusammensetzung. Abb. 49 zeigt den Verlauf der Wärmeleitfähigkeit abhängig von dem Gehalt an Nickel.

Die Henkel aus diesem Baustoff können auch nach längerem Erhitzen der Geschirre mit der ungeschützten Hand angefaßt werden.
Sie sind auch sehr widerstandsfähig gegen Rost und mechanische Beschädigung. Die Nudelpfanne auf Abb. 50 besitzt derartige Griffe. Günstig ist auch die hochgezogene Form
derselben. Bei dieser Formgebung sind
die Hände geschützt gegen den Dampf,
der beim Kochen unter dem Deckel
hervortritt.

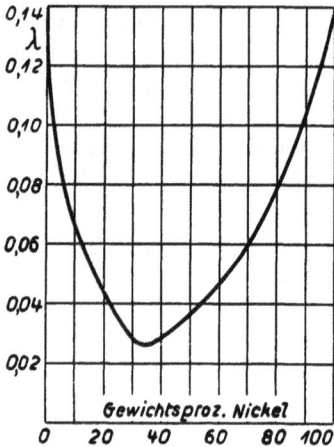

Abb. 49. Wärmeleitvermögen von
Nickeleisen abhängig vom Nickelgehalt.

Abb. 50. Nudelpfanne der Vereinten
deutschen Nickelwerke mit Griffen
aus Frigidal.

Die Mängel der einfachen Metallgriffe (mit Ausnahme des
Nickeleisens) haben zur Konstruktion der sog. isolierten Griffe geführt, von denen zwei grundsätzliche Bauarten in Frage kommen.

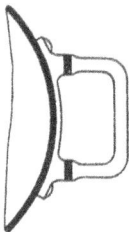

Abb. 51. Isolierter
Metallgriff.

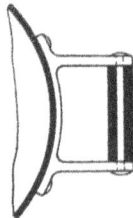

Abb. 52. Griff
aus Isolierstoff.

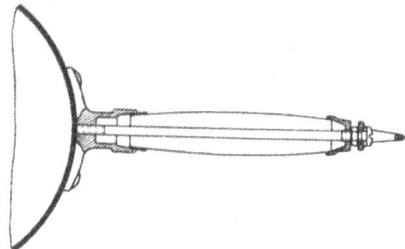

Abb. 53. Langer Stiel mit isolierter
Metallhülse.

Bei der einen Ausführung (Abb. 51) besteht der Griff selbst aus
Metall, doch ist er durch eine Zwischenschicht aus wärmeisolierendem Baustoff (Vulkanfiber, Hartgummi, Preßmasse usw.) von dem
Gefäß selbst getrennt. Bei der zweiten Bauart (Abb. 52) besteht
der Griff selbst aus wärmeisolierendem Stoff (Holz, Porzellan, Preßmasse).

Die Erwärmung ist bei der ersten Ausführung zwar etwas geringer als bei den vollständig aus Metall bestehenden Griffen, aber der Einfluß der strahlenden Wärme von der Gefäßwand und von unten her ist doch so erheblich, daß die geringe Isolierschicht kaum eine schützende Wirkung auszuüben vermag. Bei der zweiten Ausführung sind Porzellan und Holz bezüglich der Erwärmung etwa gleichwertig. Holz wird jedoch bald unansehnlich und ist schwerer sauber zu halten als Porzellan.

Im Ausland, besonders in Frankreich, sind auch isolierte Stiele nach Abb. 53 im Gebrauch, bei denen der eigentliche Griff aus einer sehr dünnen Messing- oder Nickelhülse besteht, die auf einer Seite von dem Metallstiel isoliert ist. Aus den gleichen Gründen wie bei den Griffen nach Abb. 51 ist ihre Überlegenheit gegenüber dem reinen Metallstiel nicht sehr erheblich. Selbstredend sind sie viel besser als kurze Henkel, weil die Grifffläche weiter von der Wärmequelle entfernt ist und eine größere, der Kühlung ausgesetzte Oberfläche besitzt.

Die Württembergische Metallwarenfabrik in Geislingen verwendet bei den Geschirren aus Chromargan Stiele nach Abb. 54. Ihre Form paßt sich der Hand gut an. Dadurch wird bessere Druckverteilung erreicht und die Gefahr des Verbrennens der Haut vermindert.

Abb. 54. Langer Stiel mit Handschutz.
(Vergrößerung der Auflagefläche.)

Außer diesen Bauarten sind noch Griffe auf dem Markt, die vollständig aus wärmeisolierendem Stoff bestehen. Die Lebensdauer derartiger Griffe ist jedoch nicht sehr groß, weil sämtliche wärmeisolierenden Stoffe nur eine verhältnismäßig geringe Festigkeit besitzen.

b) Wärmetechnik der Baustoffe.

Bei Beurteilung des Baustoffes der Geschirre hinsichtlich seiner wärmetechnischen Eigenschaften geht man von der Wärmeleitfähigkeit aus und nimmt demgemäß an, daß Geschirre aus gut leitenden Stoffen, wie Kupfer und Aluminium, die Wärme schneller nach dem Kochgut leiten würden als Geschirre aus weniger gut leitenden Metallen. Diese Annahme hat sich jedoch in den meisten Fällen als unzutreffend erwiesen.

Bei der Wärmeübertragung spielt nicht nur das Wärmeleitvermögen eine Rolle, sondern auch die Beschaffenheit der Oberfläche. Weiße Flächen nehmen bei einem bestimmten Temperaturunterschied weniger Wärme auf als schwarze. Sie geben aber auch weniger Wärme ab. Bei der Erhitzung des Kochgutes kommen beide Wirkungen zur Geltung. Das Gefäß nimmt Wärme von der Flamme auf und gibt diese Wärme wieder an das Kochgut ab; es spielt also sowohl die Beschaffenheit der Innenfläche des Gefäßes als auch die der Außenfläche bei der Wärmeübertragung eine Rolle.

Die Art der Wärmequelle ist dabei nicht von ausschlaggebender Bedeutung. Sowohl bei der Kohlen- und Gasflamme als auch bei der elektrischen Kochplatte einschließlich des Einzelkochers wird ein Teil der Wärme durch Strahlung auf das Gefäß übertragen, so daß bei allen Erwärmungsarten die gleiche Erscheinung zu beobachten ist.

Auch die Art der Bearbeitung der Oberfläche ist nicht ganz ohne Einfluß auf die Wärmeübertragung. Rauhe Oberflächen nehmen etwas mehr Wärme auf und geben auch mehr Wärme ab als glatte.

Anderseits soll aber die Oberfläche zwecks leichterer Reinhaltung glatt sein, so daß die beiden Forderungen sich gegenüberstehen. Man wird aber der Wärmeübertragung wegen den Vorzug der glatten Oberfläche hinsichtlich leichterer Reinigung nicht aufgeben.

Vom Verfasser wurden Ankochversuche angestellt über das wärmetechnische Verhalten der heute auf dem Markt befindlichen Geschirre[1]). Untersucht wurden im ganzen elf niedere Gefäße von 18 cm Innendurchmesser und 7—8 cm Höhe aus verschiedenen Baustoffen. Die Erwärmung erfolgte mittels eines flachen elektrischen Heizkörpers vom Durchmesser der Geschirre, der mittels einer besonderen Vorrichtung fest an den ganzen Geschirrboden angepreßt wurde. Auf diese Weise konnte erreicht werden, daß die Wärmeübertragung tatsächlich auf der ganzen Bodenfläche stattfand, wie dies ja auch bei der Gasfeuerung der Fall ist.

Gefüllt wurden die Geschirre mit Wasser, und zwar bei der ersten Versuchsreihe mit 1 l, bei der zweiten mit 0,2 l.

Die beigefügte Zahlentafel 10 gibt Aufschluß über die Beschaffenheit und die Abmessungen der untersuchten Geschirre einschließlich der Henkel. Bei Verwendung elektrischer Kochplatten spielt die Unebenheit der Bodenfläche eine wesentliche Rolle. Es wurde deshalb auch diesem Punkt Beachtung geschenkt. Spalte 7 gibt die größte Unebenheit am Boden an, sie befindet sich meist in der Mitte. Wegen dieser Unebenheiten konnten auch Kochplatten zu den Versuchen nicht verwendet werden.

Die Zahlentafel 11 enthält die Ergebnisse der Versuche.

---

[1]) Siehe auch Aufsatz des Verfassers VDI-Nachrichten, Nr. 52, 1927.

Zahlentafel 10.

Arten und Maße von untersuchten Kochgeschirren.

Nr.	Baustoff	Schutzüberzug und Bearbeitungsart der Oberfläche	Wanddicke Boden mm	Wanddicke Seitenwand mm	Tiefe innen mm	Größte Unebenheit am Boden mm	Wärmeleitvermögen des Grundstoffes	Gewicht g	Henkel Anzahl	Henkel Baustoff	Henkel Größter Abstand vom Gefäß mm	Ladenpreis ohne Deckel etwa R.M.
1	Kupfer	innen verzinnt außen poliert	0,6	0,6	71	6,5	300	480	2	Messing poliert	25	9,00
2	Aluminium	innen geschmirgelt außen poliert	0,82	0,82	70	6,0	175	225	2	Aluminiumträger mit Holzsteg	37	1,90
3	Aluminium	innen geschmirgelt außen poliert	1,3	1,3	73	4,0	175	325	2	Preßmasse	35	2,80
4	Aluminium	innen geschmirgelt außen poliert	3,0	3,0	72	1,0	175	680	1	Eisen verzinnt	185	5,60
5	Eisenblech	innen verzinnt außen lackiert	0,65	0,65	86	2,0	40	470	1	Eisen lackiert	42	1,00
6	Stahl	beiderseits nickelplattiert	2,1	0,75	79	0	40	790	2	Nickel poliert	35	9,50
7	Stahl	beiderseits emailliert	1,8	1,5	73	0,6	40	728	2	Eisen emailliert	40	2,10
8	Stahl	innen nickelplattiert außen inoxydiert	1,8	1,8	82	0,8	40	915	2	Nickeleisen poliert	50	9,20
9	Rostfreier Stahl (Chromargan)	innen poliert außen abgedreht	2,1	1,8	78	0,2	40	1097	2	Stahl poliert	32	21,00
10	Stahl	innen emailliert außen schwarz gebrannt	2,6	2,5	71	0,2	40	1305	2	Stahl inoxydiert	28	2,40
11	Porzellan	innen glasiert außen braun gebrannt	4,4	4,5	69	1,0	0,9	905	—	—	—	5,10

Zahlentafel 11.

Erwärmungszeit und Wirkungsgrad der untersuchten Kochgeschirre.

Nr.	Baustoff	Erwärmungszeit bei 1 l Inhalt	Wirkungsgrad %	Zustand der Henkel	Erwärmungszeit bei 0,2 l Inhalt	Wirkungsgrad %
1	Emaille	9′31″	86,0	gut warm	2′38″	62,3
2	Eisenblech	9′34″	85,7	heiß	2′20″	70,0
3	Stahl, innen nickelplattiert	9′41″	84,5	kalt	2′42″	60,7
4	Kupfer	9′44″	84,2	sehr heiß	2′28″	66,4
5	Aluminium, 3 mm Dicke .	9′45″	84,0	kalt	2′45″	59,6
6	Stahl, beiderseits nickel- plattiert	9′51″	83,2	heiß	2′33″	64,2
7	Aluminium, 1,5 mm Dicke	9′55″	82,5	mäßig warm	2′31″	64,9
8	Rostfreier Stahl	10′	81,8	heiß	2′57″	55,6
9	Stahl, innen glasiert . . .	10′02″	81,6	heiß	3′05″	53,0
10	Aluminium, 0,8 mm Dicke	10′07″	80,8	mäßig warm	2′44″	60,0
11	Porzellan	11′42″	70,0	—	4′03″	40,5

Die festgestellten Erwärmungszeiten und Wirkungsgrade sind Mittelwerte. Sie schwanken um einige Hundertteile je nach der Temperatur
des Heizkörpers zu Beginn der Erwärmung, der Zimmertemperatur und
dem Zustand der Oberfläche der Gefäße. Der Einfluß der Abdeckung
hat sich als verhältnismäßig gering ergeben. Ohne Deckel ist der Wärmeverbrauch nur um 5—8% höher.

Die Werte können keinen Anspruch auf mathematische Genauig-
keit machen, weil es besonders bei den dünnwandigen Geschirren nur
schwer möglich ist, Luftkissen zwischen Heizkörper und Gefäßboden
vollständig zu vermeiden.

Die Erwärmung des Wassers erfolgte am raschesten in den Geschirren aus Emaille und Eisenblech, obwohl deren Wärmeleitfähigkeit
weniger als $1/_7$ von der des Kupfers beträgt und die Wandstärke des
Emaillegeschirrs 2½ mal so groß ist wie die des Kupfergefäßes.

Das Kupfergeschirr, das die Wärme am besten leitet und die geringste Wanddicke (0,6 mm) hat, steht in der Zahlentafel 9 erst an
vierter, das dünnwandige Aluminium an zehnter Stelle. Zweifellos
trägt an diesem Umstand die Unebenheit der Bodenfläche zum Teil
die Schuld, aber trotzdem steht einwandfrei fest, daß diese Geschirre
keinen Vorzug vor denjenigen aus Eisen und Stahl haben. Der Unterschied zwischen den einzelnen Werten ist allerdings nicht groß.

Die Versuche haben gezeigt, daß die Wand- und Bodendicke, besonders bei größerer Füllung, nur einen ganz geringen Einfluß auf die

Kochzeit hat. Selbst das Porzellan, dessen Wärmeleitfähigkeit kaum $1/_{300}$ der des Kupfers beträgt und dessen Wanddicke $7\frac{1}{2}$ mal so groß ist, steht im Wirkungsgrad kaum um 5% hinter diesem.

Bei der geringeren Füllung (0,2 l) sind die Wirkungsgrade infolge der Wärmeaufnahme des Gefäßes selbst kleiner als bei der größeren (1,0 l). Diese Wärmeaufnahme ist bei beiden Füllungen gleich groß und macht sich infolgedessen bei der kleineren Füllung mehr bemerkbar. Besonders bei elektrischer Erhitzung sind also nicht zu große Gefäße zu verwenden.

Wenn auch die Erwärmungszeit bei den dickwandigen Gefäßen im allgemeinen etwas größer ist als bei den dünnwandigen, so hat die größere Bodendicke doch Vorzüge, welche diesen Umstand wettmachen. Einmal bleibt die Form des Gefäßes viel besser erhalten als bei geringer Bodendicke, was sich beim elektrischen Kochen sehr vorteilhaft auswirkt, außerdem brennen die Speisen infolge der besseren Wärmeverteilung im Boden selbst viel weniger leicht an als bei zu dünnem Boden.

Das höhere Gewicht der aus Eisen und Stahl mit dickeren Wänden gefertigten Geschirre stört am Anfang etwas, doch gewöhnt sich die Hausfrau schnell daran. Das Gewicht kann dadurch vermindert werden, daß man nur den Boden dicker macht, die Wände aber dünner. Von dieser Maßnahme ist bei einigen Gefäßen auch Gebrauch gemacht worden

Abb. 55. Nudelpfanne mit langem Stiel von 1,5 l Inhalt.

(Nr. 6 nickelplattiertes Stahlblech), Nr. 7 (Emaille) und Nr. 9 (Chrom argan). Auch die dickwandige Aluminiumpfanne Nr. 3 (Abb. 55) hat eine $3\frac{1}{2}$ cm breite Wandverdünnung zur Aufnahme der Befestigungsteile des langen Stiels.

Die vorstehend aufgeführten Versuche beziehen sich nur auf das Ankochen. Beim Fortkochen verhalten sich die Geschirre etwas anders. Hier sind die weißen polierten Geschirre im Vorteil. Sie verlieren weniger Wärme als die dunklen. Für die Wärmeabgabe kommt aber nur der Teil des Gefäßes in Frage, der über der neutralen Zone liegt. (Siehe Abb. 39.) Unterhalb der neutralen Zone wird nur Wärme zugeführt.

Von einem Wirkungsgrad kann beim Fortkochen nicht gesprochen werden. Der Wärmeaufwand richtet sich nach der Füllung und der Gefäßform. Versuche hierüber sind im Gang.

Von Dr. Ott, Zürich[1]) wurden dieselben Versuche mit Gasfeuerung angestellt. Die Ergebnisse waren ungefähr die gleichen. Auch hier erfolgte die Erhitzung des Wasserinhalts am raschesten in den Emaillegeschirren.

---

[1]) Monatsbulletin des Schweiz. Vereins von Gas- und Wasserfachmännern 1921, Heft 4.

Beim Fortkochen war dagegen der Wärmeaufwand bei den weißen
Geschirren kleiner als bei den dunklen.

Ein Emaillegefäß von 22 cm Durchmesser und 14 cm Höhe er-
forderte bei 2,5 l Wasserinhalt zum Fortkochen etwa 200 l Gas in der
Stunde, ein Aluminiumgefäß nur 166 l. In der Praxis gleichen sich
die beiden Wirkungen — Mehrverbrauch beim Ankochen, Minder-
verbrauch beim Fortkochen — aus, so daß die Baustoffrage des Kochgeschirrs hinsichtlich des Brennstoffverbrauchs ziemlich ausscheidet.

c) Form der Gefäße.

Diese Frage hat früher wenig Beachtung gefunden, ist aber seit
Beginn der Normung in den Vordergrund des Interesses gerückt. Der
Wert der Normung liegt für den Besitzer in der leichteren Beschaffung
von Ersatzteilen, für den Erzeuger der Geschirre bringt sie eine Ver-
billigung und Vereinfachung der Herstellung durch Verminderung der
Typen. Einen wesentlichen Gewinn hat auch der Möbelkonstrukteur.
Er kann seine Erzeugnisse leichter auf bestimmte Formen der Geschirre
und Geräte einrichten. So wird es in Zukunft viel leichter möglich sein,
passende Deckelhalter zu bauen oder Behälter für Gerätschaften.

Leider ist die Normung vorerst nur für Aluminium durchgeführt,
es ist aber zu erwarten, daß auch die Form der Geschirre aus anderen
Baustoffen diesen Normen allmählich angepaßt wird. Die Zahl der vorgesehenen Ausführungsformen und Wandstärken ist zwar immer noch
recht reichlich, doch wird sich in dieser Hinsicht allmählich eine Ausscheidung von selbst ergeben.

Die Form der Geschirre ist von Einfluß auf deren Handlichkeit
und ihr wärmetechnisches Verhalten.

Vom Standpunkt der Handhabung aus betrachtet, ist der hohe Topf
zur Erwärmung von Flüssigkeiten geeigneter als der niedere, besonders
dann, wenn die Flüssigkeit gerührt
werden muß. Bekanntlich bereitet der
Berufskoch seine Saucen nur in dem
Topf nach Abb. 56. Diese Form ist jedoch wärmetechnisch nicht sehr günstig.
Die Bodenfläche ist klein im Verhältnis
zur Höhe, was lange Erhitzungsdauer
zur Folge hat. Ist das Gefäß nur teilweise gefüllt, so geht durch den über-
stehenden Raum Wärme verloren (siehe

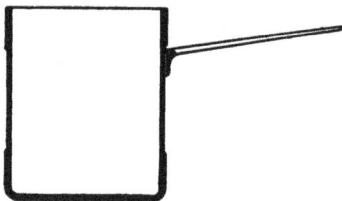

Abb. 56. Saucentopf von 1,5 l
Inhalt.

Abb. 38), und zwar um so mehr, je größer das Wärmeleitvermögen des
Baustoffs ist. Für den Haushalt sind deshalb derartig hohe Gefäße
nicht empfehlenswert.

Wärmetechnisch wird die Gefäßform um so günstiger, je größer
die Bodenfläche im Verhältnis zur Höhe ist. Die richtige Form für

Haushaltgeschirre ist Din 6006 und für den Fall, daß diese in der Höhe nicht ausreicht, wie z. B. zum Kochen von Fleisch Din 6002.

Von der Versuchsstelle für Hauswirtschaft des Reichsverbandes deutscher Hausfrauenvereine wurden Versuche durchgeführt über den Einfluß der Gefäßhöhe auf den Wirkungsgrad[1]. Hierbei wurde ermittelt, daß dieser Einfluß bei der Erwärmung auf der elektrischen Kochplatte größer ist als bei Verwendung von Gas. Die Töpfe hatten 18 cm Durchmesser und ein Fassungsvermögen von 3 l. Die Höhe errechnet sich hieraus zu 12 cm. Das Ergebnis dieser Versuche ist auf Abb. 57 niedergelegt.

Beim elektrisch erhitzten Gefäß ist der Unterschied zwischen den Füllungsgraden 20% und 100% fast doppelt so groß als beim gasbeheizten Gefäß. Der Grund dürfte im wesentlichen darin liegen, daß beim gasbeheizten Gefäß die neutrale Zone höher liegt als beim elektrisch erwärmten. Die Lage der neutralen Zone ist außer vom Gefäßinhalt noch abhängig von der Menge und der Temperatur der Heizgase, die

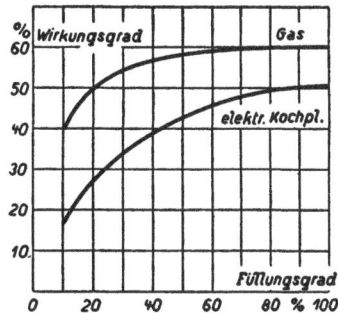

Abb. 57. Abhängigkeit des Wirkungsgrades von der Füllung der Kochgefäße bei Erhitzung auf Gas und auf der elektrischen Kochplatte.

an den Gefäßseitenwänden hochströmt. Bei einer elektrischen Kochplatte vom Durchmesser des Gefäßbodens ist diese viel geringer als bei einem Gasbrenner. Bei gleicher Gefäßhöhe ist daher die wärmeabgebende Oberfläche im ersten Fall kleiner als im zweiten. Außerdem spielt auch das Wärmeaufnahmevermögen des Kochgefäßes selbst bei der elektrischen Erwärmung eine größere Rolle als bei der Gaserhitzung.

Die Wärmeaufnahme hängt ab von dem Gewicht des Gefäßes und der spezifischen Wärme des Baustoffes. Auf der nachfolgenden Zusammenstellung ist die spezifische Wärme für jene Baustoffe angegeben, die für Kochgeschirre in Frage kommen.

Aluminium ,	. . .	0,22	Eisen und Stahl . .	0,115
Kupfer	. . . . .	0,094	Glas	, 0,20
Messing.	. . . . .	0,092	Porzellan	0,21
Nickel	. . . . . .	0,11	(Wasser	1,0)

Die größte spez. Wärme besitzt demnach Aluminium. Ein Ausgleich wird aber durch das geringe Gewicht desselben geschaffen.

Aus den vorstehenden Gründen ist es besonders beim elektrischen Kochen wirtschaftlich, nur Gefäße von passender Höhe zu verwenden. Jeder unnötig überstehende Raum vermindert den Wirkungsgrad.

---

[1] Siehe auch Zeitschrift Hauswirtschaft in Wissenschaft und Praxis, 1. Jahrg., Heft 1, 1928.

Von noch größerem Einfluß auf den Wirkungsgrad ist das Verhältnis zwischen dem Bodendurchmesser der verwendeten Geschirre und der Größe der wärmegebenden Fläche.

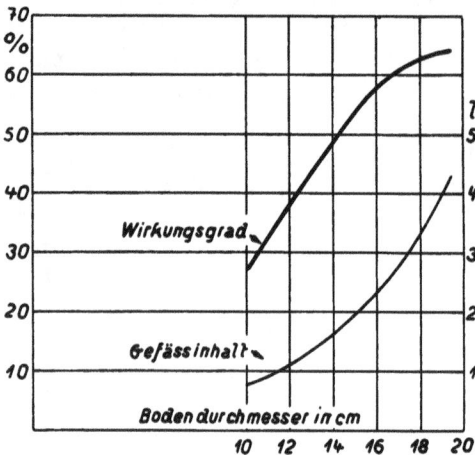

Abb. 58. Wirkungsgrad abhängig vom Bodendurchmesser bei Erhitzung auf Gas.

Bei der elektrischen Kochplatte soll der Gefäßboden denselben Durchmesser besitzen wie die Kochplatte, bei der Gaserhitzung darf die Flamme nicht über den Gefäßboden herausschlagen.

Welche Verschlechterung des Wirkungsgrades sich bei Verwendung zu kleiner Gefäße auch bei Gasfeuerung ergibt, geht aus den Versuchen der oben genannten Stelle hervor. Es wurde bei gleicher Flammengröße Wasser in Töpfen von 11—19 cm Bodendurchmesser erhitzt.

Die Flammengröße war dabei dem größten Topf angepaßt. Für den kleinsten war sie daher viel zu groß. Der Wirkungsgrad betrug bei 11 cm Bodendurchmesser nur 31,8% (Abb. 58); bei 19 cm Bodendurchmesser dagegen 64,8%. Notwendige Voraussetzung für einen gleichmäßigen Verlauf der Kurve ist geregeltes Ansteigen des Gefäßinhaltes bzw. der Gefäßhöhe mit zunehmender Bodenfläche.

Die sparsame Hausfrau wird ja bei den kleinsten Gefäßen die Flamme nicht so stark brennen lassen, wie das bei den Versuchen der Fall war, immerhin zeigen aber die Ergebnisse, daß durch unachtsame Bedienung viel Gas verschleudert werden kann.

Die gleichen Verhältnisse liegen auch bei der elektrischen Kochplatte vor.

Vom Verfasser wurden auf einer geschlossenen Kochplatte von 22 cm

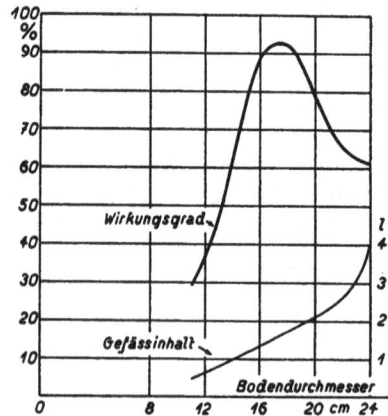

Abb. 59. Wirkungsgrad abhängig vom Bodendurchmesser bei Erhitzung auf der elektrischen Kochplatte.

Außendurchmesser nach Abb. 30 Wasser in niederen Gefäßen aus nickelplattiertem Stahl von 10 bis 24 cm Durchmesser erhitzt. Den

Verlauf des Wirkungsgrades zeigt Abb. 59. Der günstigste Wirkungsgrad wurde erzielt bei einem Gefäßdurchmesser, der dem Durchmesser des Heizkörpers (etwa 18 cm) entspricht. Er ist überraschend hoch. Zu berücksichtigen ist, daß die Gefäße vollkommen ebene Böden hatten und die Wärmemenge zur Erhitzung der Kochplatte in der Berechnung nicht berücksichtigt ist. Mit abnehmendem Durchmesser sinkt der Wirkungsgrad sehr rasch, es muß deshalb bei elektrischen Kochplatten noch viel mehr auf richtige Gefäßgröße geachtet werden, wie beim Gasherd.

Abb. 60. Elektrische Kochplatte von rechteckiger Form.

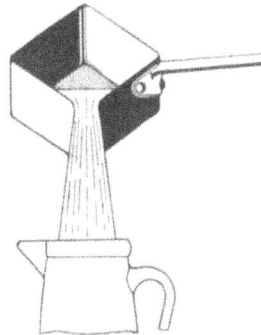

Abb. 61. Kochgefäß von viereckiger Form zur Verwendung auf rechteckigen Kochplatten.

Die Engländer verwenden elektrische Kochplatten von rechteckiger Form nach Abb. 60. Diese Kochplatten können nur dann günstig ausgenutzt werden, wenn viereckige Geschirre verwendet werden (Abb. 61). Tatsächlich sind solche in England auf dem Markt. Neben dem Vorzug der guten Anpassung an die Form der Kochplatte ermöglichen sie leichtes und rasches Ausgießen des Inhalts. Ihr Nachteil liegt an der umständlicheren Reinigung und in dem verhältnismäßig hohen Preis.

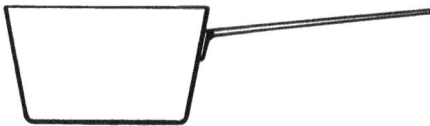

Abb. 62. Milchpfanne mit langem Stiel von 1,5 l Inhalt.

Von Interesse ist noch der Vergleich des Wärmeverbrauchs von Geschirren gleichen Inhalts, denn die Hausfrau wird sich im einzelnen Fall fragen: Welches Geschirr nehme ich am besten, um eine gewisse Menge Kochgut zuzubereiten.

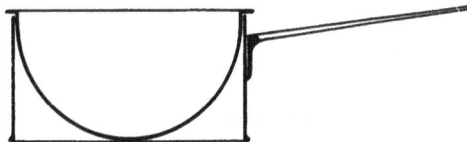

Abb. 63. Halbkugelförmige Form mit Wärmeschutzmantel.

Vom Verfasser wurden deshalb einige Versuche mit Gefäßen gleichen Inhalts und verschiedener Form vorgenommen.

Es wurden 4 Gefäße von je 1,5 l Fassungsvermögen auf einer elektrischen Glühkochplatte vom jeweiligen Durchmesser des Gefäßbodens erhitzt. Die Hauptabmessungen der 4 Gefäße sind aus der Zahlentafel 12 zu ersehen.

Zahlentafel 12. **Abmessungen der untersuchten Geschirre.**

	Durchmesser innen mm	Höhe innen mm	Boden-stärke mm	Wand-stärke mm	Inhalt l	Gewicht g
hoch nach Abb. 56 .	121	148	4,0	3,0	1,60	540
konisch nach Abb. 62	{oben 164} {unten 121}	90	1,35	1,35	1,40	230
nieder nach Abb. 55	180	72	3,0	3,0	1,70	680
halbrund nach Abb.63	180	105	1,1	1,1	1,70	770

Der Saucentopf (Abb. 56), die Nudelpfanne (Abb. 55) und die Milchpfanne (Abb. 62) sind bekannt. Gefäße nach Abb. 63 mit Wärmeschutzmantel sind im Jahr 1927 in England aufgekommen und werden seit 1928 auch in Deutschland verwendet. Ihr Vorzug liegt in der größeren wärmegebenden Oberfläche. Die Oberfläche der Halbkugel von 18 cm Innendurchmesser ist doppelt so groß als die Fläche des ebenen Bodens. Die Gefäße werden in England hauptsächlich zur Erhitzung von solchem Kochgut verwendet, das seiner Beschaffenheit wegen nur langsame Wärmezufuhr verträgt. Das ist der Fall bei Fett, Reis und allen Stoffen, bei denen keine Wärmeübertragung durch Strömung im Innern des Kochgutes stattfindet.

Das Ergebnis dieser Versuche ist auf der Zahlentafel 13 angegeben.

Zahlentafel 13.
Wirkungsgrad von Gefäßen gleichen Inhalts und verschiedener Form.

Nr.	Gefäßform	Erhitzte Wassermenge l	Er-wärmungs-zeit bei 10° Anfangs- u. 96° End-temperatur min	Wirkungs-grad %	Strom-aufnahme der Glüh-Koch-platte W	Strom-belastung der Boden-fläche W/cm²
1	hoch nach Abb. 56	1	11,8	47	1100	8,9
2	konisch nach Abb. 62	1	12,3	44,5	1100	8,9
3	nieder nach Abb. 55	1	6,17	41,8	2290	9,0
4	halbrund nach Abb. 63	1	12,1	21,3	2290	9,0

Nach diesen Versuchen bietet beim Erhitzen von Flüssigkeiten die niedere Form bezüglich des Wirkungsgrades keinen Vorteil gegen die hohe. Trotzdem ist die niedere Form günstiger wegen der kürzeren Er-

wärmungszeit des Inhaltes bei gleicher Wärmebelastung der Bodenfläche. Die Ergebnisse von Ziffer 1/2 einerseits und 3/4 andererseits
sind nicht vollkommen vergleichbar, da zur Erhitzung wohl die gleiche
Glühkochplatte aber in verschiedener Schaltung verwendet wurde, was
möglicherweise den Wirkungsgrad beeinflußt hat. Beachtenswert ist das
Versagen des Gefäßes mit dem Wärmeschutzmantel (Ziffer 4). Dieses
Ergebnis steht in Übereinstimmung mit Versuchen der Siemens-Schuk-
kertwerke[1]).

Es rührt das davon her, daß auch der Schutzmantel Wärme
aufnimmt, und zwar vorwiegend durch Strahlung. Diese Wärmeaufnahme kann unter Umständen größer werden als der Verlust an
Wärme ohne Verwendung einer Schutzhaube. Man erlebt bei Versuchen
in dieser Hinsicht die merkwürdige Überraschung, daß der Wirkungsgrad
eines Kochgefäßes mit Wärmeschutzmantel größer ist als ohne diesen.
Dieser Fall tritt tatsächlich ein, wenn man ein kleines Kochgefäß mit
einer dunklen Schutzhaube aus gutleitendem Baustoff überdeckt. In
diesem Fall kann bei ungünstiger Form
der Wärmeentzug durch die Oberfläche der
Schutzhaube größer sein als der Wärmegewinn, der durch bessere Umspülung des
Kochgefäßes mit Heizgasen erzielt wird.

Derartige Fälle zeigen, wie vorsichtig
man bei der Beurteilung von Einrichtungen
hinsichtlich ihres wärmetechnischen Verhal-
tens sein muß. Nur durch genaue Versuche
läßt sich ihr Wert feststellen, Überlegungen
theoretischer Art führen leicht zu Trug-
schlüssen.

Bei den Einrichtungen nach Art des
Elektroökonom (Abb. 64) liegen die Verhältnisse jedoch günstiger, so daß durch den
Schutzmantel tatsächlich ein Wärmegewinn
erzielt wird. Die Innenfläche der Schutz-

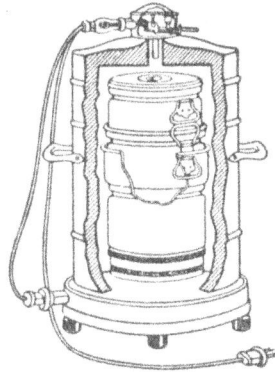

Abb. 64. Elektro-Ökonom.
Leistungsaufnahme 400 bis
900 W.

haube ist poliert, so daß sie weniger Wärme aufnimmt als eine dunkle
Fläche, außerdem schützt die Isolierschicht vor Weitergabe der auf-
genommenen Wärme an die Außenluft. Der Wärmegewinn ist um so
größer, je besser die Füllung der Haube ist, es werden deshalb mehrere
Töpfe übereinander verwendet.

Die Stromaufnahme eines derartigen Apparats ist verhältnismäßig
gering. Da die Erwärmungsvorgänge im Innern nur schlecht überwacht werden können, schützt ein selbsttätiger Temperaturregler vor
Überhitzung.

---

[1]) Siemens-Zeitschrift 1927, Heft 11.

Das Kochgut verhält sich in derartigen Apparaten ähnlich wie in einem Bratrohr. Der Gewichtsverlust ist erheblich geringer wie bei Behandlung des Kochguts auf offenen Herden.

D. Die Maschine in der Küche.

a) Allgemeines über den Maschinenbetrieb im Haushalt.

Der Maschinenbetrieb in der Küche ist besonders geeignet zu Betrachtungen über die Zweckmäßigkeit und Wirtschaftlichkeit des Maschinenbetriebs im Haushalt. Die folgenden Erörterungen wurden daher hier eingefügt.

Die Maschine bringt uns bei zweckentsprechender Anwendung drei Vorteile. Sie spart Kraft, Zeit und liefert bessere Arbeit.

Diesem Gewinn an Zeit und Kraft stehen nun leider verschiedene Aufwendungen gegenüber, und es bedarf in jedem Fall besonderer Nachprüfung, ob der erzielte Gewinn im richtigen Einklang mit diesen Aufwendungen steht.

Um diese vergleichenden Betrachtungen anstellen zu können, ist es zunächst einmal nötig, sich über den Wert der ersparten Kraft und der gewonnenen Zeit klarzuwerden.

Kraftersparnis schützt uns vor Ermüdung und verlängert die Arbeitsfreudigkeit.

Diese Vorteile treten allerdings nur dann ein, wenn die auszuführende Arbeit einen nennenswerten Kraftaufwand erfordert. Für die meisten im Haushalt auszuführenden Arbeiten trifft dies zu, vor allem für das Waschen. Hier ist der Kraftantrieb von segensreicher Wirkung.

Aber auch kleinere und weniger Kraftaufwand erfordernde Arbeiten wirken ermüdend, wenn sie längere Zeit andauern oder oft hintereinander ausgeführt werden müssen. Es gilt dies z. B. für das Reinigen der Wohnung von Staub, das Nähen mit der Maschine und für einzelne Arbeiten in der Küche. Die Küche bildet das Grenzgebiet. So muß es z. B. sehr bezweifelt werden, ob es praktisch einen Sinn hat, die Kaffeemühle des Haushalts elektrisch anzutreiben, wenn täglich vielleicht 5—10 Minuten Kaffee zu mahlen ist. Auch ist es sehr fraglich, ob der mechanisch angetriebene Gurkenhobel einen Sinn hat, wenn jährlich vielleicht 50 Gurken damit geschnitten werden.

In den beiden vorerwähnten Fällen wird eine Kraftersparnis kaum eintreten, denn der Kraftaufwand zur Herbeiholung der Maschine, zur Bedienung und Reinigung wird mindestens so groß sein wie der Kraftaufwand bei Ausführung der Arbeit von Hand. In den meisten Fällen tritt aber tatsächlich ein Gewinn an Kraft ein, nur ist es sehr schwierig, diesen rechnungsmäßig zu erfassen. Aus diesem Grund ist auch eine Wirtschaftlichkeitsberechnung des Maschinenbetriebes hinsichtlich der Kraftersparnis nicht durchführbar. Man muß sich mit einer gefühlsmäßigen Einschätzung des erzielten Gewinnes begnügen. Manche Hausfrau wird den erhöhten Kraftaufwand bei der Handarbeit als Vorteil buchen, weil er die Durchblutung fördert, den Appetit anregt und zur Erhaltung der schlanken Linie beiträgt. Im dienstbotenlosen oder dienstbotenarmen Haushalt ist allerdings noch so überreichlich Gelegenheit zur körperlichen Betätigung vorhanden, daß ein besonderes Verlangen nach Vermehrung wohl kaum eintreten wird.

Das gleiche gilt für die Güte der Arbeitsausführung. Auch diese ist in Geldwert kaum auszudrücken. Zweifellos läßt sich mit der Maschine alles feiner und gleichmäßiger reiben, schneiden, mahlen und pressen, welchen Einfluß dies aber auf den Zeitaufwand bei der Zubereitung oder auf die Bekömmlichkeit der Speisen ausübt, ist sehr schwer festzustellen.

Leichter ist der Zeitgewinn zahlenmäßig zu erfassen, besonders dann, wenn die Arbeit durch bezahlte Hilfskräfte ausgeführt werden muß, wie dies z. B. beim Waschen meistens der Fall sein wird. Wenn die Hausfrau die Arbeit selbst ausführt, so kommt es eben darauf an, wie hoch sie ihre Arbeitszeit einschätzt. Sehr häufig hört man die Äußerung: „Das mache ich so nebenbei." Dieser Standpunkt ist nicht richtig. Jeder Zeitaufwand muß in Rechnung gestellt werden, denn ohne Zeitaufwand läßt sich keine Arbeit ausführen. Denn ebensogut wie man die eine Arbeit nebenbei ausführen kann, kann man auch eine andere, vielleicht nutzbringendere vornehmen.

Ich denke dabei an das Kleidermachen. Es ist doch eigentlich ein Unding, wenn die Hausfrau ihre Zeit mit gänzlich unpersönlichen Arbeiten, wie Staubwischen, Waschen u. dgl. verbringt, dafür aber andere sowohl dem Geschmack als auch der technischen Ausführung nach rein persönliche Arbeiten, wie die Herstellung eines Kleides, fremden Kräften überläßt.

Um eine Unterlage für die Durchführung von Berechnungen über die Wirtschaftlichkeit des Maschinenbetriebes zu gewinnen, soll die Arbeitsstunde mit 0,50 RM. eingesetzt werden. Es ist dies ein Betrag, wie er im Mittel an weibliche Hilfskräfte — unter Einschluß aller Nebenausgaben — bezahlt werden muß.

b) Wirtschaftlichkeit.

Die Wirtschaftlichkeit des Maschinenbetriebes ist in jedem Fall an eine ganz bestimmte Zeitersparnis gebunden. Unterhalb dieser Grenze ist die Handarbeit billiger. Trotzdem kann aber der Maschinenbetrieb auch in diesem Fall zweckmäßig sein, im Hinblick auf die Ersparnis an Kraft, die bessere Arbeitsausführung oder sonstige Vorteile. Auf welche Punkte es bei einer solchen Wirtschaftlichkeitsberechnung ankommt, geht aus dem vorerwähnten Fall der Kaffeemühle und des Gurkenhobels hervor. In beiden Fällen wird keine Zeit gespart. Bereit-

stellung, Inbetriebsetzung, Beaufsichtigung und Bedienung der Maschine während der Arbeit, Abbau und Reinigung nehmen bei kleinen
Mengen mehr Zeit in Anspruch als die Ausführung der Arbeit von Hand.

Außerdem erfordert die Maschine Aufwendungen für Verzinsung
und Tilgung des Anlagewertes, Unterhalt und Betriebsstoffe.

Die große Verschiedenheit der im Haushalt vorzunehmenden
Arbeiten bringt es mit sich, daß die einzelnen Verrichtungen nur verhältnismäßig kurz andauern.

Die Kosten für Verzinsung und Tilgung bzw. Erneuerung der zur
Ausführung dieser Arbeit beschafften Maschinen treten deshalb besonders
lästig in die Erscheinung, da sie fast unabhängig sind von der Benutzungsdauer. Der Aufwand für Verzinsung ist gleich groß, ob die
Maschine wenig oder viel benutzt wird. Auch der Aufwand für Erneuerung ist ziemlich gleich.

Die Abnutzung durch den Betrieb ist bei wenig Benutzung zwar
geringer, dafür ist aber die Gefahr des Verrostens und der Schädigung
durch verharztes Öl, Feuchtigkeit, Speisereste usw. um so größer.
Auch tritt bei dem rastlosen Fortschreiten der Technik Entwertung
durch Überalterung ein. Wenn diese auch nicht so groß ist wie bei
den Damenkleidern und Hüten, so darf ihr Einfluß auf die Betriebskosten doch keineswegs vernachlässigt werden. Wer würde z. B. heute
ein Auto aus dem Jahre 1900 benutzen wollen, auch wenn es noch so
gut erhalten wäre.

Zwei Wege gibt es, um eine Verlängerung der Benutzungsdauer
herbeizuführen. Wahl einer möglichst kleinen Leistung und Verwendung
ein und derselben Maschine für verschiedene Zwecke.

Was den ersten Weg betrifft, so wird jeder zugeben müssen, daß
es im Haushalt keinen Zweck hat, mit Rekordleistungen hinsichtlich
Schnelligkeit der Arbeitsausführung aufzuwarten. Es ist sicher falsch,
eine Waschmaschine ˙aufzustellen, welche die gesamte Monatswäsche
eines Haushalts in 2 Stunden bewältigt. 24 Stunden im ganzen Jahr
ist sie im Betrieb, 8736 Stunden steht sie.

Anderseits steigen durch die längere Benützung die Kosten für
Bedienung, und es bedarf daher genauer Untersuchung, welche Leistung
der Maschine die wirtschaftlich günstigste ist.

Verkleinerung der Maschinenleistung bringt auch eine Verminderung der Anlagekosten, doch ist der Gewinn innerhalb der praktisch
in Frage kommenden Grenzen nicht allzu groß.

Bei den elektrisch angetriebenen Haushaltmaschinen entfällt ein
erheblicher Teil der Beschaffungskosten auf den Elektromotor. Gerade
bei diesem ist der Preisgewinn durch Leistungsverkleinerung nur sehr
gering. Ein Elektromotor von $1/_8$ PS kostet, wie aus Abb. 65 hervor-
geht, nur um 11 RM. weniger wie ein solcher von $1/_4$ PS, das sind 13%.

Größer ist schon die Einsparung an Gewicht. Die meisten Haushaltmaschinen sind beweglich, ihr geringes Gewicht fällt daher angenehm in die Waagschale. Es ist wirklich kein Vergnügen, einen 20 kg schweren Haushaltmotor zur Vornahme einer kleinen Arbeit herumzuschleppen.

Das Gewicht des Elektromotors von $\frac{1}{8}$ PS beträgt nur 5,8 kg gegen 8,2 kg beim $\frac{1}{4}$-PS-Motor. Der Gewinn beträgt 34% gegen nur 13% beim Preis.

Bei dem Beispiel auf Abb. 65 handelt es sich um Motoren von 3000 Umdrehungen in der Minute. Vor wenigen Jahren bildete diese Drehzahl allgemein die Höchst-

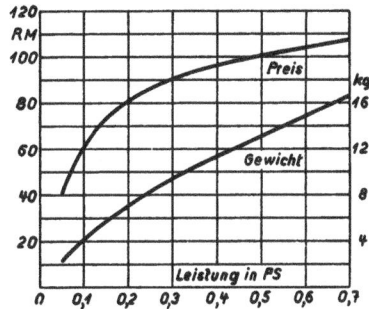

Abb. 65. Preis und Gewicht von Kleinmotoren abhängig von der Leistung.

grenze. Zur Verminderung der Herstellungskosten, des Gewichtes und des Platzbedarfes ist man, den Gepflogenheiten im übrigen Maschinenbau folgend, in der letzten Zeit wesentlich über diese Drehzahl hinausgegangen.

Die Motoren von Staubsaugern erreichen bis 12000 Umdrehungen in der Minute, die Nähmaschinenmotoren bis 6000. Technische Schwierigkeiten in der Herstellung und im Betrieb derartiger Motoren bestehen nicht. Ein Nachteil der hohen Drehzahlen liegt nur in dem Geräusch, das sie verursachen und in der starken Abnutzung des Kollektors und besonders der Bürsten.

Alle diese Maßnahmen reichen jedoch nicht hin, um die Anschaffungskosten für die elektrisch angetriebene Kleinmaschine so herabzusetzen, wie es im Interesse der weitesten Verbreitung wünschenswert wäre.

Eine solche Kleinmaschine, beispielsweise eine Kaffeemühle, ist unter 70—100 RM. Verkaufspreis nicht herstellbar. Dieser Betrag ist aber viel zu hoch mit Rücksicht auf die geringe Ausnutzbarkeit im kleinen Haushalt.

Der weit wirksamere Weg zur Herabsetzung der Kapitalkosten ist die Verwendung ein und derselben Maschine für verschiedene Zwecke. Von dieser Maßnahme wird heute beim Küchenmotor weitgehend Gebrauch gemacht. Die einzelnen Küchenmaschinen besitzen keine eigenen Motoren, sondern werden mit demselben Motor gekuppelt.

Das Auswechseln der einzelnen Maschinen erfordert natürlich Zeit. Ist diese auch nur sehr kurz, so fällt sie doch in die Waagschale, wenn der Zeitaufwand zur Ausführung der Arbeit ebenfalls nur gering ist. Das gilt z. B. für das Auspressen von Zitronen. Das Herbeiholen der Presse, das Aufstecken, Wiederabnehmen und Reinigen der Maschine

erfordert bei vollkommen ordnungsgemäßem Zustand vielleicht 2 Min.
In dieser Zeit preßt man mit der Hand 8 Zitronen aus. Rechnet man
noch die Zeit, welche das Auspressen der Zitronen mit der Maschine
erfordert, so ist leicht einzusehen, daß man mindestens 10 Zitronen aus-
zupressen haben muß, damit sich die Anwendung der Maschine lohnt.
Im kleinen Haushalt tritt dieser Fall wohl höchst selten ein. Eine derartige Maschine kommt deshalb nur für gewerbsmäßige Betriebe in
Frage, und dafür ist sie auch gedacht.

Aus diesem Beispiel geht hervor, daß auf rasche Auswechselbarkeit der
Hilfsmaschine größter Wert zu legen ist. Wie dieses Ziel erreicht werden
kann, wird im nächsten Abschnitt „Aufbau der Maschinen" behandelt.

Durch die Verwendung eines einzigen Antriebsmotors für mehrere
Hilfsmaschinen der Küche werden die Anlagekosten erheblich vermindert. Ein Küchenmotor mit 10 auswechselbaren Hilfsmaschinen
kostet etwa 250 RM. Bei Einzel-
antrieb jeder Maschine würden die
Kosten das Dreifache betragen.

Die Ausnützung des Motors
steigt durch den wechselweisen Antrieb zwar erheblich; doch kann
von einer vollen Auslastung keine
Rede sein. Die gesamte Benutzungs-
zeit des Motors dürfte im kleineren
Haushalt 200—300 Stunden jährlich nicht übersteigen. Das ist noch
recht wenig, wenn man bedenkt,
daß der achtstündige Arbeitstag
im Jahr 2920 Stunden, also die
achtfache Stundenzahl umfaßt. Die
Benutzung des Motors zu weiteren
Arbeiten ist deshalb durchaus möglich und wünschenswert. Soweit es
sich um reinen Haushaltbetrieb
handelt, kommt noch der Antrieb
folgender Maschinen in Frage:
Staubsauger, Bohnerbürste, Wasch-

Abb. 66. Antrieb der Wäschemange
durch den Protosküchenmotor.

maschine, Bügelmaschine, Maschine zum Stiefelputzen usw. Es ist
eigentlich verwunderlich, warum Maschinen für den letztgenannten
Zweck bisher noch keinen Eingang in den Haushalt gefunden haben.
Wir besitzen z. B. die elektrische Zitronenpresse und den Händetrocken-
apparat, obwohl diese Arbeiten täglich nicht den zehnten Teil an Kraft
und Zeit beanspruchen wie das Stiefelputzen. Im Haushalt wird täglich vielleicht 1 Zitrone benötigt, dagegen müssen 8 Paar Stiefel oder
noch mehr geputzt werden.

In der letzten Zeit sind verschiedene Vorschläge bezüglich der Verwendung des Küchenmotors und des Staubsaugers für den Antrieb anderer Maschinen gemacht worden.

So treiben die Siemens-Schuckertwerke ihre Wäschemange mit dem Protosküchenmotor an (Abb. 66), und die Firma Schöttle in Stuttgart verwendet ihren Staubsauger „Elektrostar" zum Antrieb von Küchenmaschinen und der Bohnerbürste.

Außer den reinen Haushaltmaschinen kommen auch häufig noch Maschinen der Bastelstube für Radio und andere Dinge in Frage. Eine Kreissäge für Holz, eine Bohrmaschine und eine kleine Drehbank bilden im allgemeinen die Ausrüstung einer solchen Werkstätte. Die Siemens-Schuckertwerke verwenden für diese Zwecke mit Erfolg ihre Elmobohrmaschine, doch dürfte auch der Küchenmotor hierfür geeignet sein.

Eine Schwierigkeit besteht allerdings noch hinsichtlich des wechselweisen Antriebs größerer Maschinen: das beträchtliche Gewicht des Motors. Zur Waschmaschine, Bügelmaschine usw. muß der Motor getragen werden. Die Bestrebungen der Techniker, das Gewicht der Elektromotoren herabzusetzen, sind nicht von dem erwünschten Erfolg begleitet gewesen. Durch die Verwendung von Eisen bzw. Stahl von höchster magnetischer Leitfähigkeit für die Gehäuse, und von Leichtmetallen für alle Nebenteile, Lagerschilder usw., sowie durch Steigerung der Drehzahl ist es zwar gelungen, das Gewicht der Motoren zu vermindern, doch ist dasselbe immer noch reichlich hoch, wenn es sich darum handelt, den Motor in der Wohnung herumzutragen.

Über einen weiteren Punkt: Befestigung des Motors an der anzutreibenden Maschine ist im folgenden Abschnitt noch die Rede.

c) Der Aufbau des elektrischen Antriebs.

1. Der Aufbau des Elektromotors.

Für den Antrieb der Haushaltmaschinen kommt in der Hauptsache in Frage der Gleichstrommotor und der Einphasenwechselstrommotor.

Der Drehstrommotor, der in der übrigen Technik zu elektrischen Antrieben am meisten verwendet wird, scheidet heute mehr und mehr aus. Es rührt das nicht von seinen betrieblichen Eigenschaften her. In der Ausführung als Motor mit Kurzschlußanker ist er sogar wegen seines einfachen Aufbaues dem Gleichstrommotor überlegen. Infolgedessen wäre er im Grund genommen für den nicht fachmännisch geleiteten Haushaltbetrieb besonders geeignet. Er besitzt jedoch den Nachteil, daß zu seinem Betrieb alle drei Phasen des Drehstromnetzes notwendig sind. In den wenigsten Wohnungen sind aber diese drei Phasen vorhanden. Die elektrischen Lampen, um deretwillen die Leitungen in die Wohnräume früher ausschließlich verlegt wurden, sind fast immer zwischen den Nulleiter und eine Phase gelegt (Vierleitersystem). Die meisten Wohnungen verfügen daher, sofern sie nicht mit Gleichstrom ausgerüstet sind, über keine andere Stromart als diesen Einphasenwechselstrom.

Die Verschiedenheit der Stromart in Verbindung mit der noch größeren Verschiedenheit der Spannungen bildet eine Hauptschwierigkeit des elektrischen Antriebs der Haushaltmaschinen. Die Normung hat hier zu spät eingesetzt. Erst vor kurzem hat man als Normalspannungen für Gleichstrom und Einphasenstrom (zwischen Nulleiter und einer Phase) 110 V bis 220 V festgesetzt, doch kommen bei Einphasenstrom sehr häufig auch andere Spannungen vor, da die Umstellung der Netze auf die Normalspannungen mit großen Unkosten verbunden ist.

Auch wenn man von diesen Außenseitern absieht. kommen immer noch vier verschiedene Motorarten in Frage, die der Verkäufer auf Lager halten muß. Besonders schwierig gestalten sich die Verhältnisse bei den Haushaltmaschinen, die unmittelbar mit den Antriebsmotoren zusammengebaut sind. Dieser Zusammenbau ist vom Standpunkt der Herstellungskosten, des Unterhalts, der Reinigung und des Gewichtes sehr vorteilhaft, bringt aber die Schwierigkeit mit sich, daß der Hersteller zum mindesten vier verschiedene Arten von Maschinen bauen muß. Trotz dieser Schwierigkeiten hat sich bei den Staubsaugern, den Bohnerbürsten und den Küchenmotoren der enge Zusammenbau des Antriebsmotores mit der Haushaltmaschine durchgesetzt.

Der neuzeitlichen Elektrotechnik ist es gelungen, wenigstens für die kleineren Maschinen die Schwierigkeit der Stromartfrage durch Schaffung des Einheitsmotors zu beseitigen. Dieser Motor läuft sowohl mit Gleichstrom als auch mit Einphasenwechselstrom von gleicher Spannung.

Seinem Aufbau nach ist er ein Gleichstrommotor, unterscheidet sich von diesem aber durch die Unterteilung des Eisens im Läufer und Ständer. Dadurch werden die bei Wechselstrom auftretenden Hysteresisströme im Eisen praktisch wirkungslos. Leider ist es ohne umständliche und kostspielige Maßnahmen nicht möglich, diese Motoren für größere Leistungen herzustellen wegen des störenden Einflusses, den der Wechselstrom auf die Stromverwendung im Anker ausübt.

Diese störende Wirkung liegt in der sog. transformatorischen elektromotorischen Kraft, die beim Einphasenmotor durch das wechselnde Magnetfeld im Anker erzeugt wird. Solange beim Lauf die Ankerspulen offen sind, vermag diese EMK weiter keine schädliche Wirkung auszuüben. Nun wird aber während des Laufs jeweils eine Ankerspule beim Durchgang unter der Kollektorbürste für einen Augenblick kurzgeschlossen. Dadurch kommt in dieser Spule ein Strom zustande, der von dem einen Ende der Spule über die Bürste zu dem andern Ende der Spule fließt. Beim Weiterlauf des Ankers muß dieser Strom von der Bürste unterbrochen werden, was ohne kleines Feuerwerk nicht abgeht. Dieses Feuerwerk hält sich nur bei Motoren bis etwa $\frac{1}{4}$ PS innerhalb der zulässigen Grenzen. Über diese Leistung hinaus werden Einheitsmotoren bis jetzt nicht gebaut.

Die im Haushalt zur Verwendung kommenden Motoren besitzen fast ausschließlich Nebenschlußcharakteristik, d. h. die Drehzahl verändert sich mit der Belastung nur unwesentlich. An und für sich wäre der Motor mit Hauptstromcharakteristik für den Antrieb einiger Haushaltmaschinen, z. B. des Küchenmotors, ganz gut geeignet, da er bei geringer Drehzahl ein großes Drehmoment besitzt. Er zieht durch. Anderseits bringt die Anpassung der Drehzahl an die Belastung einen recht unregelmäßigen Gang des Motors mit sich, auch ist die Gefahr des Durchgehens bei vollkommener Entlastung gegeben.

Ein Gebiet spielt bei den Haushaltmotoren noch eine besondere Rolle, nämlich das Anlassen des Motors. Bei sämtlichen Haushaltmaschinen ist der Motor fest mit der anzutreibenden Maschine gekuppelt. Dies hat zur Folge, daß der Motor jeweils mit der Maschine angelassen und stillgesetzt werden muß.

Würde nun dieses Anlassen — wie das bei größeren Maschinen der Fall ist — geraume Zeit in Anspruch nehmen, so würde hierdurch der besondere Vorzug des Maschinenbetriebs, Schnelligkeit der Arbeitsausführung, Schaden leiden. Die Anlaßzeit fällt natürlich um so mehr ins Gewicht, je öfter die Maschine in Gang gebracht und wieder stillgesetzt werden muß. Von Wichtigkeit ist diese Frage besonders bei der Waschmaschine, der Trockenschleuder und dem Küchenmotor. Beim Staubsauger, bei der Bohnerbürste und der Bügelmaschine fällt sie weniger ins Gewicht.

Man verzichtet aber bei den Haushaltmotoren ganz allgemein auf das allmähliche Anlassen und schaltet sie unmittelbar auf das Netz. Dies hat jedoch einen unangenehmen Stromstoß zur Folge, da der Motor wegen des Fehlens der Gegenelektromotorischen Kraft im Stillstand wesentlich mehr Strom aufnimmt als bei regelmäßigem Lauf. Dieser Stromstoß beträgt auch bei kleiner Leistung das Drei- bis Fünffache der Regelstromstärke, je nach der zu beschleunigenden Masse. Wäre nur der Motor zu beschleunigen, so würde dieser Stromstoß nicht so erheblich sein. Es ist aber stets mit dem Motor noch ein weiterer Mechanismus verbunden, beim Staubsauger das Pumpenrad, beim Küchenmotor das Getriebe und bei der Waschmaschine das Getriebe mitsamt der Trommel oder der sonstigen Wascheinrichtung.

Wird die Maschine an das Lichtnetz angeschlossen, so entsteht im Augenblick des Einschaltens ein unangenehmes Zucken der Lampen. Aus diesem Grund empfiehlt es sich, für den Betrieb der Haushalt-

maschinen sowie der sonstigen elektrischen Geräte eine eigene Leitung
zu verlegen.

In neuerer Zeit werden Wechselstrommotoren mit geringerer Anlauf-
stromstärke gebaut. Sie besitzen im Anker zwei konzentrisch zueinander angebrachte Wicklungen, die in getrennten Nuten liegen. Die
Motoren werden dementsprechend als Doppelnutmotoren bezeichnet.
Die Wirkung dieser Anordnung beruht darauf, daß beim Anlauf des
Motors infolge der hohen Wechselzahl und der hiedurch bedingten
starken induktiven Wirkung in der inneren Wicklung fast kein Strom
zu stande kommt. Der Widerstand des Läufers ist demgemäß hoch,
und die Anlaufstomstärke beträgt nur etwa das 1,6fache des Dauer-
stroms bei Vollast.

Beim Lauf mit der Regeldrehzahl ist die Wechselzahl im Anker
gering und damit auch der Widerstand der beiden Wicklungen.

2. Das Getriebe.

Infolge der hohen Drehzahl kann in den meisten Fällen der Motor
unmittelbar mit der anzutreibenden Maschine gekuppelt werden. Nur
beim Staubsauger und beim Ventilator ist dies möglich, da das Pumpenrad bzw. der Flügel bei den kleinen in Frage kommenden Abmessungen
derart hohe Drehzahlen verlangt.

Bei der Waschmaschine, beim Küchenmotor und bei der Nähmaschine muß zwischen Motor und Maschine ein Getriebe eingeschaltet
werden.

Die einfachste Übertragung ist der Riemenantrieb, doch haften
diesem eine Reihe von Nachteilen an. Der Riemen dehnt sich im Lauf
der Zeit und muß gekürzt werden, bei Überlastungen reißt er gelegentlich
ab. In der Hand des Fachmanns bilden diese Eigenschaften keinen
nennenswerten Nachteil, im Haushalt treten sie dagegen störend in die
Erscheinung. Auch besitzt der Riemenantrieb keinen guten Wirkungsgrad, da ein Teil der zugeführten Arbeit zur Biegung des Riemens
aufgewendet werden muß. Auch durch Gleiten des Riemens auf den
Scheiben geht Arbeit verloren. Man verzichtet infolgedessen heute
gern auf diese Antriebsart. Nur bei der Waschmaschine und der Kälte-
maschine findet er noch allgemein Verwendung, obwohl er zweifellos
den schwächsten Punkt der ganzen Anlage bildet. Einen Vorzug hat
jedoch der Riemenantrieb zweifellos. Er bildet einen Schutz für den
Motor und die Maschine. Beim regelmäßigen Antrieb gleicht er Stöße
aus, bei Überlastungen wirkt er als Sicherheitsvorrichtung. Er dehnt
sich in diesem Fall aus und fällt von der Riemenscheibe ab.

Bei starken Übersetzungen findet der Schneckenantrieb Verwendung, der reine Stirnwandantrieb ist verhältnismäßig wenig zu finden.
Geringe Drehzahlen sind hauptsächlich notwendig beim Küchenmotor
zum Antrieb der Fleischhackmaschine, der Obstpresse und einiger an-

derer Maschinen. Der Schneckenantrieb hat den Vorzug, daß er vollkommen eingekapselt werden kann (Abb. 67) und infolgedessen keiner
Wartung bedarf. Er hat den Nachteil, daß die Übertragung vollkommen
starr ist. Stöße und Überlastungen werden auf den Motor übertragen
und können dessen baldige Zerstörung herbeiführen.

Besonders schädlich ist das Festbremsen des Motors durch Klem-
mungen in den angetriebenen Maschinen. Sie entstehen meist durch
unsachgemäße Be-
handlung und Bedie-
nung, können aber
auch ganz unverschul-
deterweise eintreten.
Bei der Fleischhack-
maschine klemmen
sich Knochen zwi-
schen die Messer und
das Gehäuse, bei der
Reibmaschine staut
sich das Material zwi-
schen der Trommel
und der Außenwand
usw. Diese Störungen
haben den Stillstand
des Motorankers zur

Abb. 67. Protos-Küchen-
motor. Ansicht.

Folge. Brennt aus irgendeiner Ursache die Sicherung nicht durch,
und wird der Strom nicht sofort ausgeschaltet, so kann Beschädigung
des Ankers eintreten.

Aus diesem Grunde sollte man zwischen Motor und Maschine stets
eine Rutschkupplung einbauen, die bei Stößen und Überlastungen vorübergehend auslöst und so den Motoranker vor allzustarker Überlastung schützt.

Besondere Beachtung ist noch der Verbindung zwischen Motor und
Maschine bei den Aufsteckmotoren zu schenken. Es sind dies die Motoren mit auswechselbaren Hilfsmaschinen (Abb. 67) oder die Motoren,
welche selbst an die verschiedenen Arbeitsmaschinen angesteckt werden.

Wie bereits im Abschnitt b erwähnt, ist rasche Auswechselbarkeit
eine wesentliche Voraussetzung für die Wirtschaftlichkeit dieser Antriebsart. Kein Teil der Befestigungsvorrichtung darf sich klemmen
oder gar festfressen. Schrauben müssen ohne Verwendung eines Werk-
zeugs angezogen und gelöst werden können. Zweckmäßig sind sie ganz
zu vermeiden, da sie sich durch die Erschütterungen der Maschine häufig
lockern und dann meist verloren gehen. Lassen sie sich nicht umgehen,
dann sollen sie so gut passen, daß eine Lockerung nicht eintritt, andernfalls sind sie zu sichern. Das Wiederanbringen einer abgefallenen

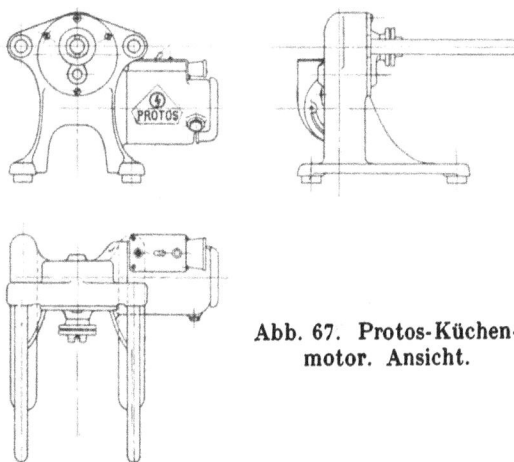

Schraube oder Mutter kostet dem Fachmann zwar nur ein paar Handgriffe, der technisch nicht vorgebildeten Hausfrau verursacht es aber Schwierigkeiten.

In dieser Hinsicht kann die Nähmaschine als Vorbild gelten. Sie verliert in 20 Betriebsjahren nicht eine Schraube. Manche neuzeitliche Maschine des Haushalts steht in dieser Hinsicht noch weit zurück.

Befestigung durch Hebelwirkungen oder Bajonettverschlüsse, die durch Drücken auf einen Knopf ausgelöst werden können, sind der Verschraubung bei weitem vorzuziehen. Man sollte sich in dieser Hinsicht die selbsttätigen Spannvorrichtungen von Bohrmaschinen und Revolverbänken zum Vorbild nehmen.

Die Befestigungsvorrichtung auf Abb. 67 entspricht bei genügend sorgfältiger Ausführung diesen Voraussetzungen in ausreichendem Maß. Die Vorrichtung ist auch gut geeignet, um den Motor selbst an anderen Maschinen festzuklemmen.

Bei der amerikanischen Küchenmaschine „Kitchen Aid", das ist auf deutsch „Küchenhilfe", erfolgt die Befestigung der einzelnen Maschinen mit Hilfe eines Dornes. Diese Befestigungsarbeit bedarf sorgfältiger Ausführung, da sie sich sonst mit der Zeit lockert und abnützt.

Als letzter Punkt von Bedeutung kommt noch die Schmierung in Frage. Es ist dies eine besonders heikle Angelegenheit des ganzen Maschinenbetriebes im Haushalt. Erfahrungsgemäß wird das Schmieren nie richtig gehandhabt. Entweder wird zu viel oder es wird überhaupt nicht geschmiert. Im ersten Fall tritt Verschmutzung der Maschine ein, da sich das überflüssige Öl mit dem stets vorhandenen Staub und Schmutz vermengt. Im letzteren Fall laufen die Lagerstellen trocken und nutzen sich dabei unzulässig ab, wenn nicht vollkommene Zerstörung des Lagers eintritt. Sehr häufig wird ein falsches Schmiermittel verwendet. Die raschlaufenden Motorteile sind in dieser Hinsicht empfindlich. Weder Salatöl noch Schweinefett oder Butter sind geeignete Schmiermittel. Sie werden ranzig, zersetzen sich, verstopfen die Lagerstellen und greifen die Metallteile an.

Um diesen Schwierigkeiten aus dem Weg zu gehen, versieht man heute die Motoren und wenn möglich die ganzen Maschinen mit Dauerschmierstellen. Als Schmiermittel dient besonders geeignetes Fett, das ein ganzes Jahr und noch länger vorhält. Man hat sogar schon Motorlager gebaut, die Zeit ihres Lebens nicht nachgeschmiert zu werden brauchen. Ob dies wirklich notwendig ist, mag dahingestellt bleiben.

Von Zeit zu Zeit sollte doch jede Maschine von einem Fachmann durchgesehen werden, der bei dieser Gelegenheit auch die Lagerstellen mit frischem Fett versehen kann.

E. Küchenmöbel.

a) Einteilung der Möbel.

In Arbeitsräumen unterscheidet man zwei verschiedene Arten von Schränken: Arbeitsschränke und Aufbewahrungsschränke. Der Begriff Schrank ist hier natürlich im erweiterten Sinn zu verstehen. Alle Möbelstücke der Wirtschaftsräume fallen unter diesen Begriff, auch der Spültisch.

Die beiden Arten von Möbelstücken unterscheiden sich sowohl in ihrem Aufbau, als auch hinsichtlich des Aufstellungsortes innerhalb des Arbeitsraumes.

Der Arbeitsschrank ist in unmittelbarer Nähe des Arbeitsplatzes aufzustellen. Er hat in der Hauptsache nur die Geräte zu enthalten, die an diesem Arbeitsplatz vorwiegend gebraucht werden, und zwar in möglichst übersichtlicher und zweckmäßiger Anordnung. Häufig gebrauchte Gegenstände sind in handlicher Höhe unterzubringen, nicht unten am Fußboden oder in der Nähe der Zimmerdecke.

Die Form der Möbel soll den darin verwahrten Gerätschaften angepaßt sein, damit der Platz möglichst gut ausgenutzt werden kann. Solange die Geräte nicht genormt sind, ist die Forderung allerdings schwer zu erfüllen. Die Normung des Aluminiumgeschirres ist als erheblicher Fortschritt in dieser Hinsicht zu bezeichnen. Auf die Bauart der gebräuchlichen Küchenmöbel hat die Normung bis jetzt allerdings noch keinen Einfluß auszuüben vermocht. Es ist danach zu streben, daß jeder Gegenstand mit einem Griff erreichbar ist. Dazu ist notwendig, daß jedes Ding seinen eigenen Platz hat und daß es von diesem Platz weggenommen und wieder hingebracht werden kann, ohne daß andere Geräte vorher weggeräumt werden müssen.

Ein besonderes Kapitel bilden die Türen der Arbeitsschränke. Einerseits sind sie notwendig des staubdichten Abschlusses wegen, anderseits sollen sie beim Herausnehmen des Schrankinhaltes nicht stören. Die gewöhnliche Drehtüre erfüllt diese Bedingung nicht, nur versenkbare Türen sind hier am Platze.

Der Vorratsschrank ist sowohl hinsichtlich seiner Einrichtung als auch des Aufstellungsortes weniger an bestimmte Bedingungen gebunden. Er bleibt im allgemeinen verschlossen und wird nach Bedarf geöffnet. Hier ist also die gewöhnliche Drehtüre ausreichend. Er kann an einer entfernteren Stelle des Wirtschaftsraumes oder in einem anderen Raum untergebracht werden.

Aus der Verschiedenheit der Anforderungen ergibt sich, daß es nicht zweckmäßig ist, die Aufgabe des Arbeitsschrankes mit denen des Vorratsschrankes zu verquicken. Bei einer mangelhaft durchgebildeten Küche, wie es die meisten Ladenküchen heute sind, ist diese Verquickung allerdings häufig anzutreffen.

Die meisten Möbelstücke der Küche sind Arbeitsschränke. Eine Ausnahme bilden nur der Eisschrank, der Besenschrank und der Vorratsschrank für trockene Lebensmittel.

Wenn eine Küche den Anforderungen der wissenschaftlichen Betriebsführung entsprechen soll, muß sie Möbelstücke bzw. Einrichtungen enthalten für:

1. Unterbringung des Kochgeschirrs;
2. Aufnahme der Behältnisse mit Lebensmitteln und Gewürzen;
3. Unterbringung der Kochgeräte;
4. Aufbewahrung des Eßgeschirrs;
5. Unterbringung von Vorräten und Lebensmitteln;
6. Unterbringung von Reinigungsgeräten;
7. Reinigung des Geschirrs.

b) Aufbau der Möbel.

Die Verschiedenartigkeit des Verwendungszweckes erfordert Vielteiligkeit der Einrichtung, damit jeder Gegenstand an der zweckmäßigen Stelle und in der vorteilhaftesten Art und Weise untergebracht werden kann.

Die gebräuchliche Ladenküche erfüllt diese Bedingung nur unvollkommen. Gewöhnlich besteht sie aus einer zwei- oder dreitürigen Anrichte mit einem Aufsatz, einer ebensolchen Kredenz, einem Tisch mit einigen Stühlen, einem Besenschrank und einem Kästchen zur Unterbringung der Putzgeräte.

Staubdichte Verwahrung aller Gerätschaften ist nicht vorgesehen. Was in den Schränken aus Platzmangel nicht untergebracht werden kann, hängt an den Wänden herum als Wohnstätte für Staub, Küchendunst, Insekten und manchmal auch Ungeziefer.

Das Glanzstück der Küche bildet häufig das Riesenbüfett von 180 bis 240 cm Breite. Architektonisch wirkt es günstig, paßt aber in die beschränkten Raumverhältnisse der Kleinwohnung nicht. Außerdem entspricht die meist planlose Anhäufung der Gegenstände in seinem Innern nicht den Forderungen der wissenschaftlichen Betriebsführung.

An irgendeiner beliebigen Stelle des Büfetts sind meist einige Steingutschubfächer für Lebensmittel eingesetzt. Sie mögen ganz vorteilhaft wirken, an der richtigen Stelle befinden sie sich keinesfalls. Sie gehören je nach dem Inhalt entweder an den Herd oder an den Kochvorbereitungsplatz. Das Büfett kann für diesen Zweck nicht benutzt werden, da dessen Platte stets viel zu hoch liegt.

In Amerika und England hat die Form des Küchenschrankes nach Abb. 68 sehr große Verbreitung gefunden.

In neuerer Zeit ist man dazu übergegangen, die Möbel aus einzelnen Teilen zusammenzusetzen, um in der Anordnung freie Hand zu haben.

Derartige Möbel sind entworfen worden vom Reichsverband für Wirtschaftlichkeit im Bau- und Wohnungswesen. Sie bestehen aus rechteckigen Teilen von einfachstem Aufbau und einheitlicher Größe,

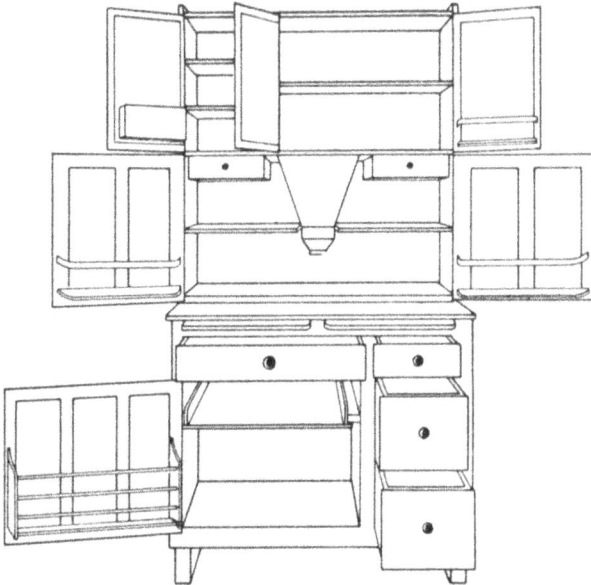

Abb. 68. Easywork-Küchenschrank.

so daß sie neben- und übereinander gestellt, aber auch getrennt von-einander aufgestellt werden können. Nach demselben Grundsatz sind auch die Möbel der Eschebachwerke aufgebaut (Abb. 69). Sie bestehen aus einzelnen schmalen Schränken, die entweder aneinander gereiht oder einzeln verwendet wer-den können.

Die unmittelbare An-einanderreihung hat nur den Nachteil, daß durch die vielen Türen die Bewegungs-freiheit der Hausfrau ge-hemmt wird. Die Schränke gestatten die staubdichte Verwahrung sämtlicher Ge-räte, auch der Geschirr-deckel.

Um den Nachteil der einfachen Drehtüre, daß sie im geöffneten Zustand hin-

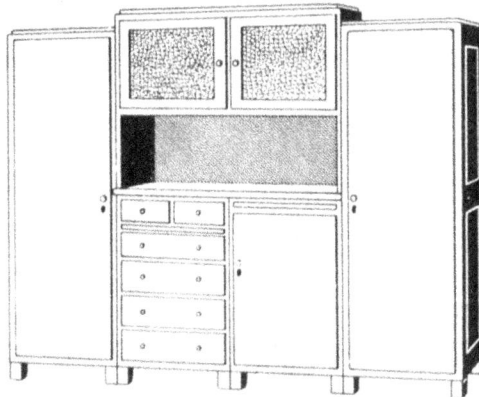

Abb. 69. Aus 5 Teilen bestehender Eschebach-küchenschrank.

dernd im Weg ist, zu beseitigen, hat man schon mehrfach versucht, die Drehtüre versenkbar zu gestalten. Abb. 70 zeigt eine neuere Anordnung. Die Türen sind allerdings nur zur Hälfte versenkbar, es bedeutet dies aber bereits einen erheblichen Vorteil.

Billige und dauernd betriebssichere Konstruktionen mit vollkommen versenkbarer Drehtüre zu schaffen, ist sehr schwierig. Die Konstruktion muß einfach sein, damit sie ohne besondere Wartung auch in der mit Dunst und Feuchtigkeit erfüllten Küche dauernd betriebssicher und leicht beweglich bleibt.

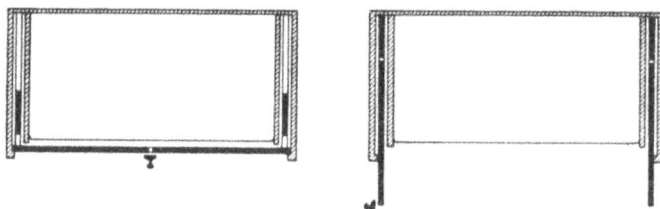

Abb. 70. Schrank mit teilweise versenkbaren Drehtüren.

Bei Büromöbeln wird sehr häufig der Rolladen als Abschluß für Schränke benutzt. An und für sich ist er ein vorzüglicher, im geöffneten Zustand fast unsichtbarer Abschluß, hat aber den Nachteil, daß die Herstellungskosten ziemlich hoch sind und daß in der stets etwas feuchten Küchenluft leicht Klemmung eintritt. Für die Küche ist er daher weniger zu empfehlen. Bei großer Fläche wirkt er auch recht eintönig und unschön.

Einen Ausweg aus diesen Schwierigkeiten bietet die aus Amerika stammende versenkbare Falltüre, wie sie bei Bücherschränken häufig angewendet wird. Sie besitzt gegenüber dem Rolladen den Vorzug, daß sie mit Füllungen aus Glas versehen werden kann, wodurch der Eindruck der Öde, wie er beim Rolladen leicht entsteht, vermieden wird. Dieser Abschluß ist bei der bereits im Teil II erwähnten Egriküche des Verfassers angewendet.

Die grundsätzliche Anordnung der Möbelstücke in dieser Küche ist im Teil II (Abb. 11) bereits kurz angegeben. Die Abb. 71 und 72 zeigen die baulichen Einzelheiten des Hauptteils.

Der Kochvorbereitungsplatz enthält in seinem Unterteil das Kochgeschirr. Es sind hierfür vier Schubfächer von verschiedener Bauhöhe vorgesehen. Die Unterbringung in Schubfächern bringt den Vorteil bester Raumausnutzung mit sich. Es gibt keine dunklen Ecken, in denen sich wenig gebrauchte und dem Verfall anheimgegebene Geschirre und sonstige Gegenstände und Speisen verbergen können.

Der Oberschrank nimmt kleinere Geschirre, elektrische Einzelkochgeräte u. dgl. auf. Er besteht aus zwei übereinander liegenden Fächern,

deren Höhe so gewählt ist, daß nicht zu kleine Personen ohne besondere
Hilfsmittel noch Gegenstände erreichen können, die sich oben auf
dem Schrank befinden.

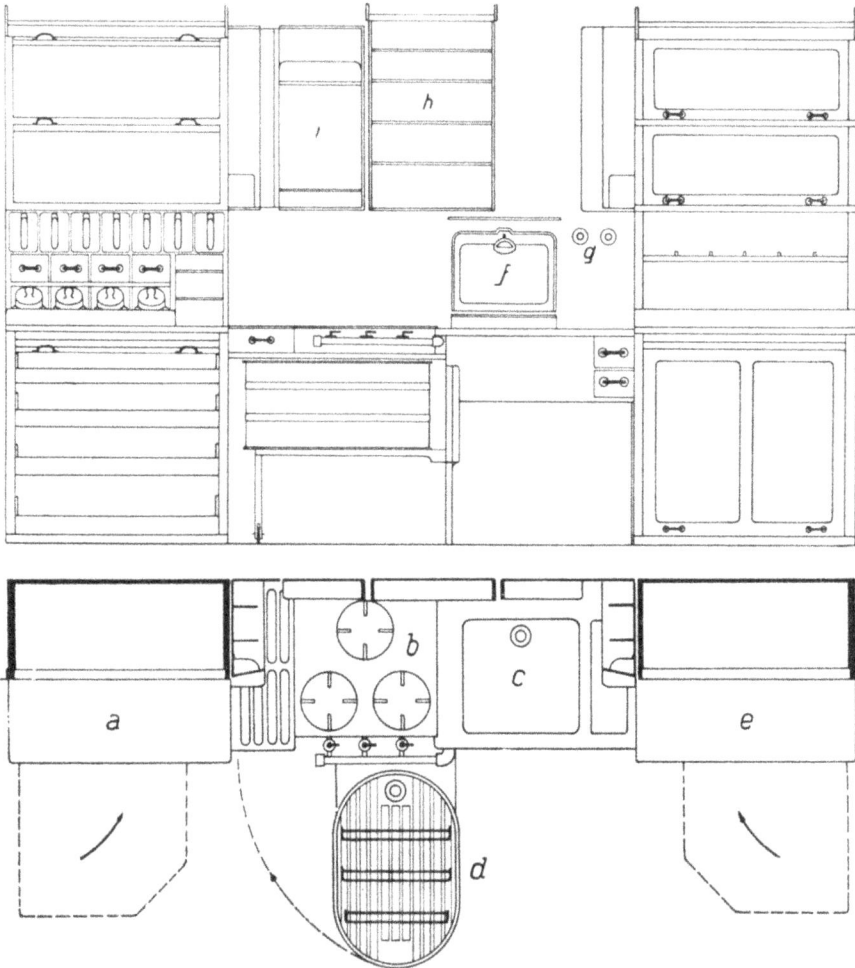

Abb. 71. Egriküche mit ausschwenkbaren Hilfstischen für den Betrieb mit Gas.
a Kochvorbereitungsplatz, b Gasherd, c feste Spülwanne, d bewegliche Wanne mit
Rost zum Abspritzen, e Anrichte, f Gasbratrohr, g Wasseranschluß für Kalt- und
Warmwasser, h Gewürzgestell, i Löffelblech.

Sowohl der Unter- als auch die beiden Abteilungen des Ober-
schrankes sind durch versenkbare Falltüren abgeschlossen, die auch
versperrbar eingerichtet werden können. Doch dürfte das heute nicht
mehr notwendig sein. Es genügt, wenn die Vorratsschränke verschließ-
bar sind.

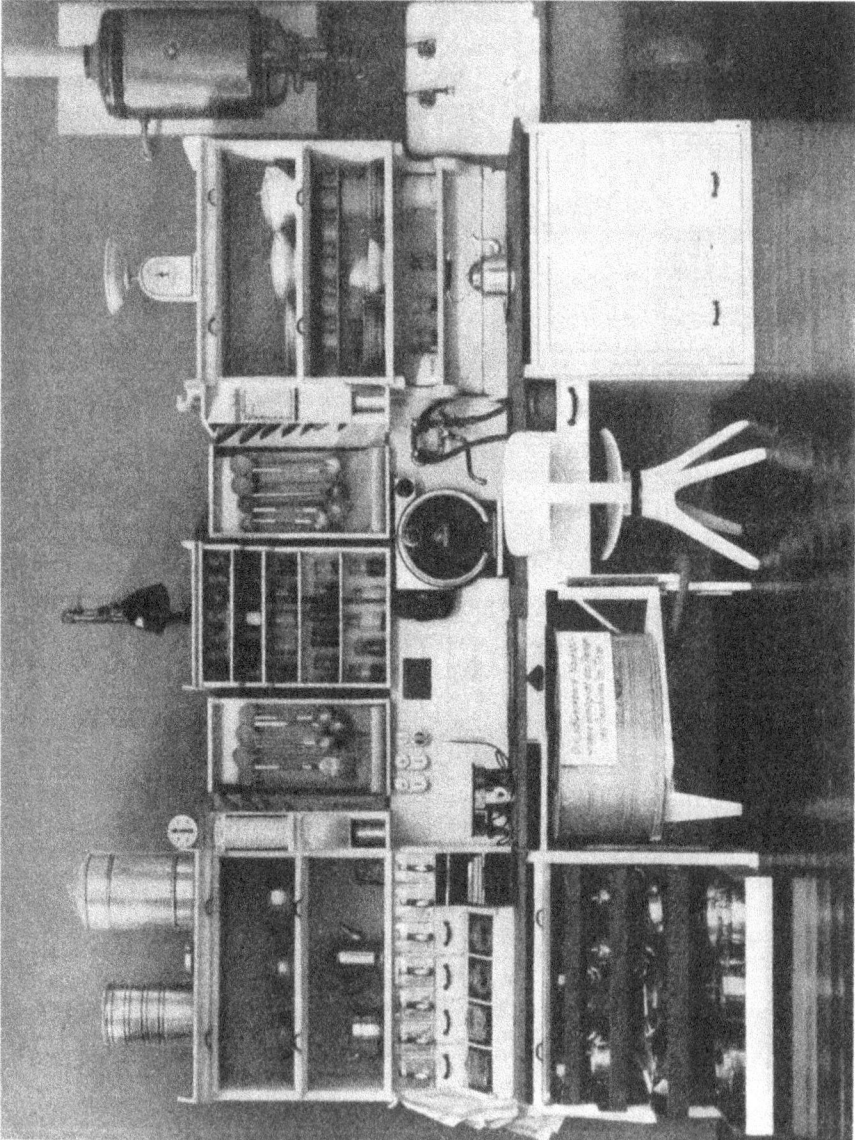

Abb. 72. Egriküche für elektrischen Betrieb mit Kochherd und Einzelgeräten. (Ausstellung „Heim und Technik".)

Zwischen dem Ober- und Unterschrank sind 15 Behältnisse für Lebensmittel angeordnet.

Für schüttbare, in nicht zu großen Mengen gebrauchte Lebensmittel sind die bekannten Haarerschütten vorgesehen. Die vier größeren Glasgefäße der ersten Reihe sind für Lebensmittel bestimmt, die in größeren Mengen Verwendung finden, wie Zucker, Mehl, Reis, Grieß u. dgl. Zwischen diesen Glasgefäßen und den Schütten befinden sich vier Schubfächer aus Holz oder Steingut für getrocknetes Obst u. dgl.

Rechts von den Behältnissen für Lebensmittel sind drei kleine Abteilungen für Küchenhandtücher, Kochbücher und sonstige Kochbehelfe sowie Briefpapier vorgesehen.

An den Kochvorbereitungsplatz schließt sich der Herd *b* mit einer Abstellgelegenheit für Geschirre an. Es kann sowohl ein Gas- als auch ein elektrischer Herd sein. Das Bratrohr ist seitlich vom Herd in handlicher Höhe in die Wand eingelassen. Bei Mauerstärken unter 40 cm ragt es dabei in den Nebenraum. Meist ist dies der Waschraum oder ein anderer Raum der eigenen Wohnung, da die Küche senkrecht zur Fensterfläche steht. Die versenkte Anordnung des Bratrohrs ist daher in den meisten Wohnungen möglich.

Rechts vom Herd befindet sich der Spültisch, der aus einer festen Wanne *c* und einer um eine senkrechte Achse schwenkbaren *d* besteht. Die schwenkbare Wanne hat ihren Ruheplatz unter dem Herd. In der Arbeitsstellung steht sie senkrecht zur Rückwand, so daß die vor der festen Wanne sitzende Hausfrau ohne besondere Mühe das Geschirr auf den Rost der beweglichen Wanne legen kann. Bei Aufstellung der Küche in einer Flucht befindet sich neben dem Spültisch die Anrichte. Reicht die zur Verfügung stehende freie Wandlänge zur Aufstellung der Anrichte nicht aus, so kann, wie auf Abb. 9 gezeigt, die Anrichte auch an der gegenüberliegenden Wandfläche Platz finden.

Die Anrichte ist ebenso aufgebaut wie der Kochvorbereitungsplatz. Der Unterschrank enthält Schubfächer, der Oberschrank zwei Abteilungen, die durch Falltüren abgeschlossen sind. In diesem Schrank findet hauptsächlich das Eßgeschirr Platz.

An den beiden dem Herd zugekehrten Stirnseiten der Oberschränke sind die Seitenschränke zur Aufnahme der Kochgeschirrdeckel und der Löffelhalter mit den daran befindlichen Geräten befestigt.

In geöffnetem Zustand liegt die Türe mit den Geräten an der Rückwand an, so daß alles vom Herd aus ohne Mühe zu erreichen ist.

Zwischen den beiden Seitenschränken hängt das Gestell mit den Gewürzgläsern.

Die zwei obersten Reihen sind treppenartig nach vorn ausgebaut, damit auch die Gläser der oberen Reihen ebenso leicht zu erreichen sind wie die der unteren. Diese Anordnung hat außerdem den Vorteil, daß die Gläser vor Verstauben geschützt sind, da sich der nach unten fallende Staub in der Hauptsache auf der oberen breiten Deckfläche ablagert, von wo er leicht zu entfernen ist.

Die große Zahl der Gewürzgläser (30 Stück) gibt auf den ersten Blick dem mittleren Teil der Küche das Aussehen eines chemischen Laboratoriums. Dieser Eindruck ist aber nur äußerlich.

Die in chemischen Laboratorien fast ausschließlich verwendeten Breithalsgläser mit eingeschliffenem Glasdeckel sind die einzige wirklich brauchbare und billige Aufbewahrungsmöglichkeit für Gewürze. Sie bleiben auch in einer mit Küchendunst geschwängerten Luft fast unbegrenzte Zeit brauchbar, was bei allen Blechbüchsen und Steinguttöpfen und Schubfächern nie der Fall ist.

Die Stirnflächen der beiden Seitenschränke tragen einige kleinere, aber sehr zweckmäßige Hilfsmittel:

Eine Zusammenstellung der in der Küche am häufigsten gebrauchten Gegenstände mit verschiebbaren Merkzeichen, deren Stellung anzeigt, welche Dinge neu beschafft werden müssen. Darunter ein Spiegel. Die Hausfrau kann vor dem Öffnen der Eingangstüre einen prüfenden Blick in denselben werfen. Auf der rechten Seite befindet sich ein Wochenkalender und darunter der erfahrungsgemäß sehr viel gebrauchte Notizblock.

c) Baustoff.

Als Baustoff für die Möbel kommt in der Hauptsache Holz in Frage. Die Verteuerung der Arbeitslöhne hat zur ausgedehnten Verwendung von Sperrholz geführt. Rückwände, Tür- und Seitenwandfüllungen werden daraus gefertigt. Neuerdings bevorzugt man ganz glatte Oberflächen, um das Ansetzen von Staub zu verhüten. Bei derartigen Möbeln können die ganzen Flächen aus Sperrholz bestehen, doch ist darauf zu achten, daß nur tadellos getrocknetes Sperrholz zur Verwendung kommt. Auch eine Sperrholzplatte kann sich werfen.

In neuerer Zeit werden auch Küchenmöbel aus lackiertem Stahlblech hergestellt. Sie bieten Sicherheit gegen Brand und Mäusefraß, sind aber teurer als Holzmöbel. Auch die Gefahr der Rostbildung darf in der Küche nicht unterschätzt werden. Wenn auch der Küchendunst bei der neuzeitlichen Kochweise auf ein Mindestmaß beschränkt ist, etwas feucht ist die Küchenluft immer.

Ein besonderer Punkt ist der Belag der Arbeitstischflächen. Bei uns wird meist Linoleum verwendet. Der Linoleumbelag ist weit zweckmäßiger als eine weiße Ahornplatte, die dauernd gescheuert werden muß, besitzt aber den Nachteil, daß er gegen Hitze nicht genügend unempfindlich ist und nach einigen Jahren fleckig wird. Einfarbiges Linoleum bewährt sich in dieser Hinsicht besser als gemustertes.

In Amerika und in England verwendet man fast ausschließlich Tischflächen aus weiß emailliertem Stahlblech (Abb. 73). Sie sind sehr leicht zu reinigen, bleiben stets weiß, sind aber empfindlich gegen Naß. Ihre Herstellung scheint sehr schwierig zu sein, da sie bis jetzt in Deutschland keinen Eingang gefunden haben.

Abb. 73. Easywork-Küchentisch mit weiß emaillierter Stahlplatte.

d) Der Aufwasch- oder Spültisch.

Er bildet heute einen lebensnotwendigen Bestandteil der Küche. In Gebrauch sind meistens zweiteilige Spültische, bestehend aus einer Vor- und einer Nachspülwanne.

Um das Abspülen nach den Grundsätzen der wissenschaftlichen Betriebsführung vornehmen zu können, sind aber noch zwei weitere Einrichtungen notwendig, nämlich der Ablegeplatz für das schmutzige Geschirr und das Ablauf- oder Trockenbrett.

Der kürzeste Zeitaufwand wird erzielt, wenn sich das schmutzige Geschirr rechts neben der Vorspülwanne, das Ablaufbrett links neben der Nachspülwanne befindet. Das Geschirr wird mit der linken Hand gefaßt und bleibt in der linken Hand während seiner Wanderung durch die beiden Spülbecken bis zum Ablaufbrett.

Neuerdings ist man bestrebt, auch die Spüleinrichtungen so auszubilden, daß die Arbeit im Sitzen vorgenommen werden kann. Bei Aneinanderreihung der vier erforderlichen Teile ergibt sich aber eine so große Breite, daß ohne Verlassen des Platzes die Arbeit kaum ausführbar ist. Um dies zu erreichen, muß man die Spüleinrichtung über Eck anordnen.

Bei dem Spültisch des Verfassers wird die zweckmäßige Lage der Teile durch die schwenkbare Anordnung der Nachspülwanne erzielt (Abb. 74).

Der Arbeitsvorgang ist bei der Anordnung über Eck und bei dem Egrispültisch folgender: (Siehe Abb. 71).

Das benutzte Geschirr befindet sich auf dem Platz *b*. Von dort wird es mit der linken Hand weggeholt, in die Vorspülwanne *c* gebracht und von dort wieder mit der linken Hand in die Nachspülwanne gelegt. Der Weg des Geschirrs ist bei dieser Anordnung erheblich kürzer als bei der geradlinigen Anordnung.

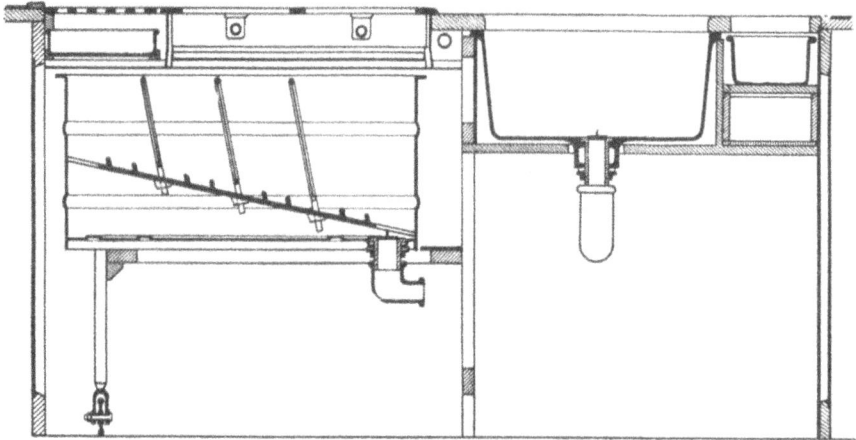

Abb. 74. Schnitt durch den Spültisch der Egriküche.

Bei dem Spültisch nach Abb. 74 bzw. 71 wird das Geschirr nicht in heißes Wasser getaucht, sondern auf einen in der Wanne befindlichen Rost gestellt und dort mittels der auf Abb. 72 sichtbaren Brause mit heißem Wasser überspritzt. Die Wanne hat nur den Zweck, das ablaufende Wasser aufzufangen und ein Verspritzen des Fußbodens zu vermeiden. Mit der Brause kann auch das auf dem Herd stehende Geschirr erreicht werden, so daß jedes Hin- und Hertragen von Wasser vermieden wird.

Es sind auch Anordnungen geschaffen worden, bei welchen der Spültisch mit dem Ausguß vereinigt ist. Bei beschränkten Raumverhältnissen ergibt sich hieraus eine kleine Platzersparnis, sonst bringt aber die Vereinigung weiter keinen Vorteil.

Zu erwähnen wäre noch die Spülmaschine. Sie wird hauptsächlich in Amerika, in geringem Maße auch in England verwendet. In Deutschland werden kleine Geschirrspülmaschinen für Haushaltzwecke von den Houbenwerken in Aachen hergestellt. Man findet sie in Einzelausführung wie auf Abb. 75 oder mit dem Spültisch und dem Abtropfbrett zu-

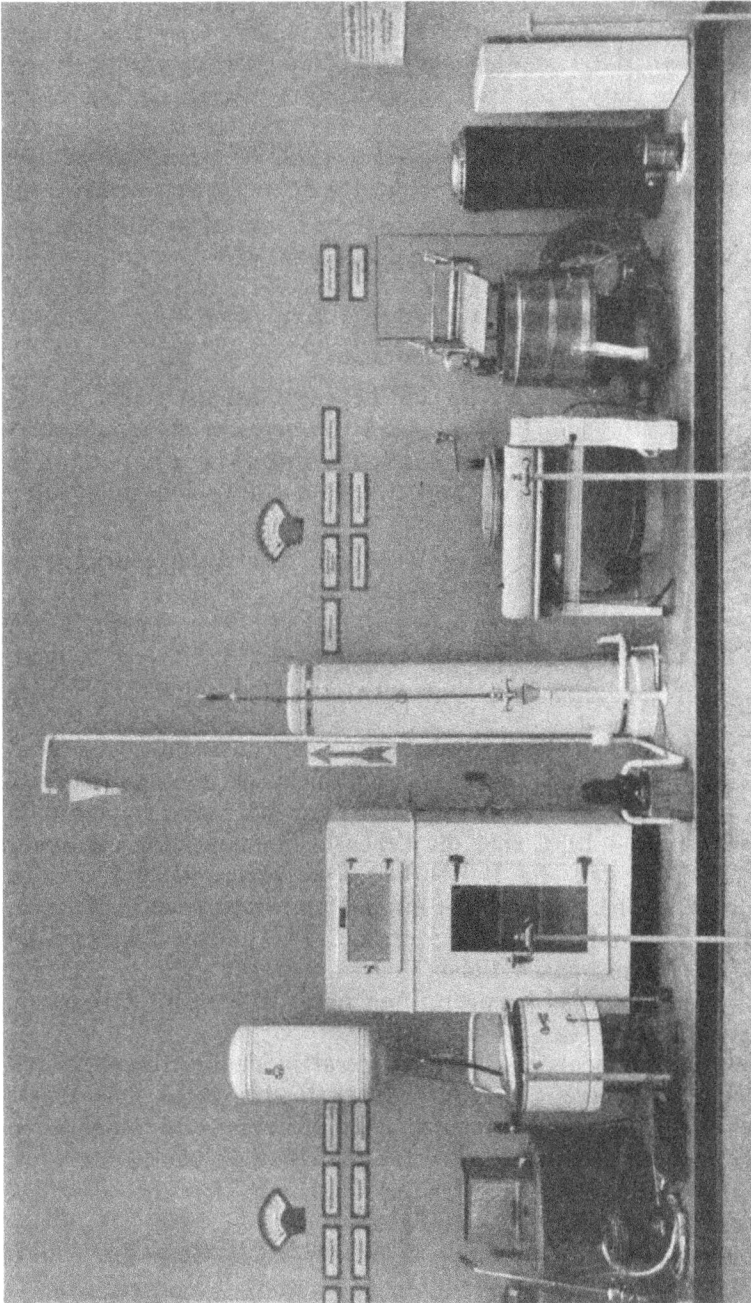

Backrohr AEG   Heißwasser-   Kühlschrank   Speicherbadeofen   Sprudelwaschapparat   Waschmaschine   Wärmespeicherofen
$L = 1,0$ kW   speicherWansler   AEG   SSW $L = 0,65$ kW   Elektra $L = 1,0$ kW
(L = Leistungs- $L = 0,7$ kW $L = 1,8$ kW $L = 1,2$ kW $L = 0,25$ kW
aufnahme)   Geschirr-   Elmopumpe   Protosbügelmaschine   Leimkocher
Protosstaubsauger   spülmaschine $L = 0,2$ kW $L = 2,7$ kW $L = 0,6$ kW
$L = 0,15$—$0,20$ kW   Conover
   $L = 0,15$—$0,20$ kW

Abb. 75. Haushaltgeräte und Maschinen (Städt. Elektr.-Werke München, Ausstellung „Heim und Technik").

sammengbaut. Sie besteht aus einem kleinen Flügelrad, das meist durch einen Elektromotor mit stehender Welle (Abb. 75) oder bei kleinen Ausführungen von Hand angetrieben wird. Das Geschirr wird in einem Drahtgestell über dem Flügelrad aufgeschichtet. Durch die Bewegung des Flügelrads wird das Wasser in starke Wallung versetzt und gegen das Geschirr geworfen. Über die Bewährung und Wirtschaftlichkeit der Geschirrspülmaschine liegen in Deutschland recht wenig Erfahrungen vor.

F. Kühleinrichtungen.

a) Allgemeines über die Kühlung.

Warum kühlt man?

Man kühlt in erster Linie, um die Lebensmittel bei heißer Witterung vor dem zerstörenden Einfluß der Fäulniserreger zu schützen, in zweiter Linie, um ihnen die Temperatur zu geben, bei der sie uns am schmackhaftesten erscheinen.

Die Zerstörer der Lebensmittel, die Fäulniserreger (Abb. 76), sind Spaltpilze, deren Lebensfähigkeit etwa innerhalb der Temperaturgrenzen — 2^0 C bis $+ 70^0$ C liegt. Über und unter dieser Temperatur sterben sie ab.

Es ist aber nicht notwendig, die Temperatur der Kühleinrichtung dauernd so niedrig zu halten. Schon bei Temperaturen

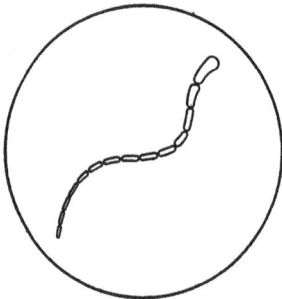

Abb. 76. Fäulniserreger.

zwischen $+5^0$ und $+ 10^0$ C sind die Lebensbedingungen für die Spaltpilze so ungünstig, daß die Haltbarkeit der Lebensmittel wesentlich verlängert wird. Milch hält sich bei Zimmertemperatur nur 33 Stunden, im gekühlten Zustand jedoch 72 Stunden. Für andere Lebensmittel liegen die Temperaturgrenzen tiefer:

Fleisch bleibt erst bei Temperaturen unter 0^0 längere Zeit frisch, Gemüse erst bei $—32^0$ C.

Im Haushalt ist es aber nicht nötig, derartig niedere Temperaturen anzuwenden. Der mit Eis gekühlte Schrank ermöglicht eine tiefste Temperatur von $+2^0$, der maschinell gekühlte erzeugt Temperaturen bis $—10^0$ C. Diese Kältegrade reichen für den Haushalt vollkommen aus.

b) Kühlsysteme.

Im Haushalt werden heute drei verschiedene Kühlsysteme verwendet:
1. der Schrank mit Eiskühlung,
2. der nach dem Aufsauge (Absorptions) verfahren und
3. der nach dem Kompressionsverfahren arbeitende Schrank.

1. Der Schrank mit Eiskühlung. Er ist auch heute noch der am meisten verbreitete Schrank, obwohl er die unvollkommenste Art der Kühlung darstellt. Die Luft im Innern des Schrankes ist feucht, die Kälteerzeugung bei hoher Außentemperatur ungenügend.

Die Feuchtigkeit gibt Schimmel- pilzen aller Art günstige Entwicklungs- möglichkeit, Würste und Fleischwaren laufen infolgedessen leicht an. Der Fäulnisprozeß, der ja durch die Kühlung verhindert werden soll, wird durch die vorhandene Feuchtigkeit wieder unter- stützt.

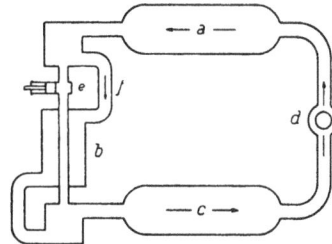

Abb. 77. Arbeitsvorgang bei einem nach dem Absorptionsverfahren arbeitenden Kühlschrank. a Ver- dampfer, b Austreiber, c Verflüssi- ger, d Entspannungsvorrichtung, e Flüssigkeitspumpe.

Seine ausgedehnte Verwendung hat ihre Ursache in den geringen An- schaffungskosten und in der Einfach- heit des Betriebs und der Bedienung. Ein brauchbarer Eisschrank ist bereits unter 100 RM. zu erstehen, während maschinell gekühlte Schränke min- destens den sechsfachen Aufwand erfordern.

2. Der Absorptionskühlschrank. Der Kälteträger ist hier Ammoniak, das einen Kreislauf durchmacht und dabei zweimal vom flüssigen in den gasförmigen und von diesem wieder in den flüssigen Zustand übergeführt wird.

Der gesamte Kühlvorgang zerfällt in vier Teile:

1. Der flüssige Kälteträger (Ammoniak) nimmt im Verdampfer a der Abb. 77 Wärme aus dem Kühlraum auf und verdampft. Es ist dies der eigentliche Kühlvorgang.

2. Dieser Dampf wird im Aufsauger mit einer Flüssigkeit in Verbindung gebracht, welche die Eigenschaft besitzt, diesen Dampf aufzusaugen. Praktisch kommt hier nur Wasser in Frage.

3. Die mit Ammoniakdampf gesättigte Wassermenge wird dem Austreiber b zugeführt und dort erhitzt. Dabei wird das Ammoniak vom Wasser getrennt und geht in Dampf von hoher Temperatur über.

4. Der Dampf wird im Verflüssiger abgekühlt und dadurch wieder in den flüssigen Zustand übergeführt.

Das flüssige Ammoniak wird im abgekühlten Zustand über ein Drosselventil dem Verdampfer zugeführt, wo es wieder in gasförmigen Zustand übergeht und hierbei Wärme aus dem Verdampfer bzw. aus dessen Umgebung entnimmt. Damit beginnt der Kreislauf von neuem.

Wenn dieser Kreislauf ununterbrochen vor sich gehen soll, muß das Ammoniak durch eine Pumpe o. dgl. aus dem Verdampfer angesaugt und nach dem Verflüssiger gebracht werden. Verzichtet man auf den ununterbrochenen Verlauf der Kühlung, so ist eine Maschine nicht nötig.

Der Vorgang zerfällt dann in eine Heizperiode, während welcher das Ammoniak durch Erwärmen aus dem Wasser ausgetrieben und im Verflüssiger wieder niedergeschlagen wird, und in eine Kühlperiode, während der es bei niedriger Temperatur wieder verdampft und dabei „Kälte abgibt".

Der Heizvorgang dauert etwa 2 Stunden täglich, der Kühlvorgang demgemäß 22 Stunden.

Während des Heizvorganges steigt die Temperatur im Eisschrank ein klein wenig an, doch spielt dieser Umstand keine besondere Rolle. Das Umschalten von Heizen auf Kühlen bzw. umgekehrt erfolgt meist selbsttätig, so daß eine besondere Bedienung nicht notwendig ist.

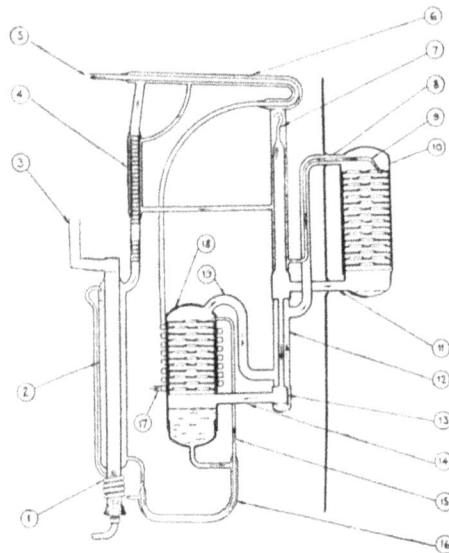

Abb. 78. Kühleinrichtung des Kühlschrankes der Elektrolux G. m. b. H. System Platen-Munters. *1* Heizschlange, *2* Austreiber, *3* Anzugskanal, *4* Wasserabscheider, *5* Kühlwasser-Abfluß, *6* Verflüssiger (Verdichter), *7* Gasdüse, *8* Wasserstoffeintritt, *9* Ammoniakeintritt, *10* Verdampfer, *11* Austritt für die Gasmischung, *12* Gas-Temperaturwechsler, *13* Ammoniak-Abscheider, *14* Eintritt für die Gasmischmung, *15* Schwache Lösung, *16* Flüssigkeits-Temperaturwechsler, *17* Kühlwasserzufluß, *18* Aufsauger, *19* Wasserstoffaustritt.

Die Erhitzung kann mit jeder beliebigen Wärmequelle, Petroleum, Spiritus, Gas oder elektrischem Strom erfolgen. Meist wird die letztere verwendet, da die Bedienung in diesem Fall am einfachsten ist. Die Abkühlung des Ammoniaks im Verflüssiger erfolgt durch Kühlwasser, das von außen zugeführt werden muß.

Der Wegfall des mechanischen Antriebs ist ein Vorteil, der bei nicht fachmännisch vorgebildetem Bedienungspersonal, wie es im Haushalt meist vorhanden ist, nicht unterschätzt werden darf.

Eine besondere Bauart des Absorptionskühlschrankes ist der Elektroluxkühlschrank nach dem System Platen-Munters (Abb. 78). Er arbeitet mit Ammoniak, das im Grundprinzip den oben beschriebenen

Kreislauf durchmacht. Der besondere Vorzug dieses Systems liegt in dem Wegfall des mechanischen Hilfsmittels zur Verdampfung des Ammoniaks während des Kühlvorganges. Der Kreislauf und damit der Kühlvorgang geht ohne Pumpe dauernd vor sich. Erreicht wird dies durch Einführung eines indifferenten Gases in den Kreislauf. Es hat die Aufgabe, den unerläßlichen Druckabfall des Kälteträgers zwischen dem Verdampfer und dem Verflüssiger durch chemische Vorgänge an Stelle der mechanischen herbeizuführen. Es geschieht dies dadurch, daß das indifferente Gas (in Frage kommt Wasserstoff) mit dem Ammoniak diffundiert. Durch die dabei eintretende Mischung der beiden Gase sinkt der Partialdruck. Auf diese Weise wird eine fortgesetzt andauernde Verdampfung des Ammoniaks im Verdampfer erzielt.

Durch Ausnutzung des Unterschiedes, der zwischen dem spezifischen Gewicht des reinen Wasserstoffgases und dem Gemisch Wasserstoffgas-Ammoniak besteht, gelingt es, ein Abströmen des Gases aus dem Verdampfer ohne Anwendung mechanischer Hilfsmittel zu erzielen.

Außer den vorstehend aufgeführten, mit Flüssigkeiten arbeitenden „nassen"Absorptionskühleinrichtungen gibt es auch noch „trockene", bei welchen feste Absorptionsstoffe zur Verwendung kommen.

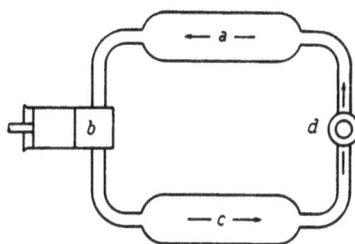

Abb. 79. Arbeitsvorgang bei einer nach dem Kompressionsverfahren arbeitenden Kühlmaschine. a Verdampfer, b Kompressor, c Verflüssiger, d Entspannungsvorrichtung.

Außerdem sind Vorrichtungen auf dem Markt, deren Kühlverfahren von dem vorstehend beschriebenen abweicht. Es ist jedoch im Rahmen dieses Buches nicht möglich, hierauf näher einzugehen. Näheren Aufschluß gibt das Buch von Dr.-Ing. R. Plank „Haushaltkältemaschinen".

3. Die Kompressionskältemaschine. Der Kühlvorgang vollzieht sich bei diesen Maschinen im Grunde genommen in derselben Weise wie beim Absorptionskühlschrank. Ein Kälteträger, meist Schweflige Säure, macht einen Kreisprozeß durch, der sich jedoch bei höherem Druck abspielt als beim Absorptionskühlverfahren.

Dieser Kreisprozeß zerfällt in drei Teile (Abb. 79):

1. Das Gas wird im Verdampfer durch Druckerniedrigung verdampft und entzieht dadurch der Umgebung Wärme (eigentlicher Kühlvorgang).

2. Das Gas wird durch einen Kompressor angesaugt und in verdichtetem Zustand dem Verflüssiger zugeführt. Hier wird es durch Wärmeentziehung (Luftkühlung mit Ventilator) verflüssigt.

7*

3. Das verflüssigte Gas wird über eine Drosselvorrichtung dem
Verdampfer zugeführt, wo es durch die Saugwirkung des
Kompressors verdampft wird.

Diese Art Kühlmaschinen bedarf zum Betrieb eines Kompressors,
der fast stets durch einen Elektromotor angetrieben wird.

Der Vorteil der Kompressionskühlmaschinen liegt in dem Wegfall
der künstlichen Kühlung durch Wasser. Sie können daher auch an
Orten aufgestellt werden, die über eine Wasserleitung nicht verfügen.
Nur der Verflüssiger bedarf künstlicher Kühlung, die fast stets durch
einen Ventilator erfolgt. (Grundsätzlich könnte die Luftkühlung
auch beim Absorptionsverfahren angewendet werden, doch macht
hier der Antrieb des Ventilators Schwierigkeiten, wenn die Beheizung nicht durch elektrischen
Strom erfolgt).

Die Abkühlung der im Schrank befindlichen Luft bzw. der darin
untergebrachten Gegenstände erfolgt entweder unmittelbar durch
das Kühlsystem wie beim Frigidaire-Kühlschrank oder auf dem
Umweg über eine Salzlösung wie beim Kelvinator-Kühlschrank und
dem deutschen Kühlschrank „Ate".

Abb. 80 zeigt die grundsätzlichen Einrichtungen eines Eisschrankes mit Solekühlung.

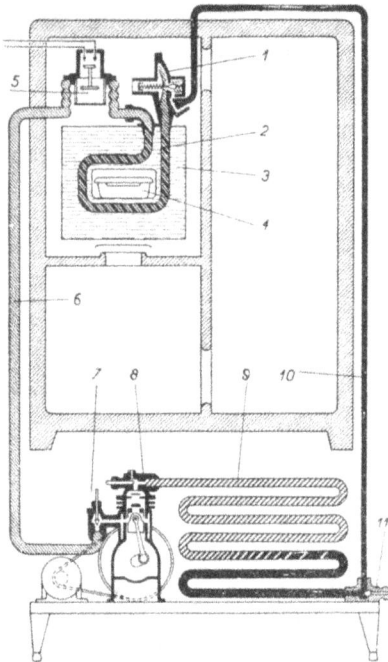

Abb. 80. Anordnung der Kühleinrichtung eines Kompressionseisschrankes
mit Solekühlung, *1* Entspannungsventil,
2 Entspannungsrohr, *3* Sole, *4* Eisbehälter, *5* selbsttätiger Temperaturregler, *6* Saugleitung, *7* Kompressionsventil, *8* Kompressor, *9* Verflüssiger,
10 Kühlflüssigkeit, *11* Ventil des Verflüssigers.

c) Wirtschaftlicher Vergleich.

Wichtig für den Besitzer sind
in erster Linie die Betriebskosten
einer Kühleinrichtung. Auf der
Zahlentafel 14 sind deshalb die drei
verschiedenen Bauarten von Kälteerzeugern für den Haushalt miteinander verglichen.

Selbstredend kann dieser Vergleich die Entscheidung über die Auswahl der einen oder andern Bauart nicht bringen. Ihr technischer Wert
ist zu verschieden. Besonders gilt dies hinsichtlich des Vergleichs zwischen dem gewöhnlichen mit Natureis gekühlten Schrank unter Ziff. 1
und den mechanisch gekühlten unter Ziff. 2 u. 3.

Zahlentafel 14.

Wirtschaftlicher Vergleich der 3 verschiedenen Kühlschränke bei einer durchschnittlichen Kälteleistung von 25 kcal/h.

Nr.	Vortrag	Ziffer	1 Kühlung mit Eis	2 Absorptionsverfahren mit elektrischer Heizung	3 Kompressionsverfahren mit elektrisch angetriebenem Kompressor
1	Kühlmittel		künstl. Eis	Ammoniak	Schwefelige Säure
2	Betriebsmittel		Eis	elektr. Strom-Kühlwasser	elektr. Strom
3	Kosten des Schrankes	RM.	400	1000	1500
4	Zinsentgang 7%	RM.	28,00	70,00	105,00
5	Erneuerungsrücklage 7,1% (Zinsfuß 7% Lebensdauer 10 Jahre)	RM.	28,40	71,00	106,20
6	Verbrauch im Jahr bei 200 Betriebstagen		1000 kg	360 kWh	120 kWh
7	Kosten: Eis	RM.	36,00	—	—
	Elektrischer Strom .	RM.	—	61,40	20,40
	Kühlwasser	RM.	—	20,00	—
8	Unterhalt	RM.	20,00	10,00	20,00
9	Bedienung: Stunden	RM.	50,00	10,00	30,00
	Kosten	RM.	25,00	5,00	15,00
10	Gesamtkosten . . .	RM.	137,40	237,40	266,60
	Das ist mehr gegen den Schrank mit Eiskühlung	%	—	73	93

Der Unterschied in den jährlich anfallenden Kosten ist bei den verschiedenen Bauarten nicht so erheblich, als man auf Grund des sehr großen Preisunterschiedes bei der Beschaffung eigentlich erwarten sollte. Bei den maschinell betriebenen Schränken Ziffer 2 u. 3 sind die Kosten ziemlich gleich. Das Bild verändert sich mit dem Strompreis. Bei geringen Strompreisen ist der Absorptionskühlschrank im Vorteil, bei hohen die Kompressionskältemaschine.

Zu den Punkten des Vergleichs ist folgendes zu bemerken:

Nr. 3. Der Preis der Schränke ist heute noch ziemlich verschieden. Dem Vergleich ist ungefähr gleiche Güte der Ausführung und Isolierung sowie gleicher Schrankinhalt (etwa 0,20 m³) zu grunde gelegt.

Nr. 6. Der Verbrauch an Betriebsmitteln ändert sich mit den klimatischen Verhältnissen, da die Außentemperatur auch bei guter Isolierung die Innentemperatur des Schrankes stark beeinflußt. Besonders ist das der Fall beim Öffnen der Türen und bei ungenügendem Abschluß derselben. Der Stromverbrauch entspricht deutschen Verhältnissen. In New York ist er wegen der großen Hitze im Sommer erheblich größer. Der Verbrauch an Betriebsmitteln steigt ziemlich proportional mit der Kälteleistung. Die größte Kälteleistung, welche die kleinen Haushaltkühlschränke zu erzeugen vermögen, schwankt zwischen 100 und 300 kcal/h. Sie ist im allgemeinen bei den Kompressionskältemaschinen größer als bei den Absorptionskühlschränken.

Als Betriebszeit sind 200 Tage angenommen. In manchen Jahren wird sie größer sein. Bringt man den Schrank in der dauernd geheizten Küche unter, so muß er natürlich das ganze Jahr über im Betrieb bleiben. Dementsprechend steigt auch der Verbrauch an Betriebsmitteln.

Nr. 7. Hier ist eingesetzt für 50 kg Eis 1,80 RM. und für 1 kWh 0,17 RM. Der Unterschied im Stromverbrauch zwischen den Schränken Ziff. 2 u. 3 vermag bei diesem Strompreis entscheidenden Einfluß auf die Höhe der Betriebskosten nicht zu gewinnen. Bei einem Strompreis von 17 Pf./kWh ist der Absorptionskühlschrank etwas im Vorteil. Die Betriebskosten würden gleich sein bei einem Preis von etwa 30 Pf./kWh. Steht billiger Nachtstrom zur Verfügung, so tritt eine Verminderung der Betriebskosten ein, die sich beim Absorptionskühlschrank wesentlich mehr bemerkbar macht als bei der Kompressionskältemaschine. Naturgemäß beeinflußt auch der Wasserpreis den gegenseitigen Vergleich. Der vorliegenden Berechnung ist ein Preis von etwa 14 Pf./m³ zugrunde gelegt.

Nr. 8. Die Kosten für Unterhalt sind beim Schrank Ziff. 1 reichlich bemessen wegen der Gefahr der Zerstörung durch Feuchtigkeit und Beschädigung beim Einlegen der Eisblöcke.

Nr. 9. Die Bedienung besteht außer der Reinigung beim Schrank Ziff. 1 im Auffüllen mit Eis, Entfernen des Schmelzwassers, bei Ziff. 3 in der Überwachung und Schmierung des Motors. Bezüglich der Bedienung schneidet der Absorptionskühlschrank am besten ab. Sie besteht praktisch nur in der zeitweisen Säuberung, sofern die Umschalteinrichtungen genügend betriebssicher gebaut sind.

IV. Die technischen Einrichtungen zur Reinigung der Wäsche.

A. Die Wasch- und Trockeneinrichtungen.

a) Allgemeines über die mechanischen Wascheinrichtungen.

So einfach die Tätigkeit des Waschens an und für sich ist, so schwierig scheint es zu sein, technische Einrichtungen zu schaffen, welche im Rahmen des kleinen Haushalts eine mühelose und einwandfreie Reinigung der Wäsche gestatten.

Man sollte eigentlich glauben, daß ein so einfacher technischer Vorgang wie das Waschen längst vollkommen einheitlich durchgeführt werden würde.

Dem ist aber nicht so. Die Zahl der Waschverfahren, nach denen die Wäsche einwandfrei sauber und schneeweiß wird bzw. werden soll, sind ziemlich groß, noch größer ist aber die Zahl der technischen Einrichtungen, welche heute als Hilfsmittel für diese Tätigkeit zur Verfügung stehen.

Solange die Wäsche nur mit dem Waschbrett und ähnlichen kleineren Hilfsmitteln bearbeitet wurde, war deren Auswahl nicht schwer zu treffen. Seit man aber bemüht ist, mechanische Einrichtungen zur Reinigung zu entwickeln, ist die Auswahl erheblich gewachsen. Recht groß ist sie auch heute noch unter den Waschmaschinen, obwohl bereits eine Abklärung erfolgt ist. Der Käufer hat also seine liebe Not bei der Auswahl und denkt mit Sehnsucht daran, wie weit beispielsweise die Vereinheitlichung der Nähmaschine oder des Fahrrades gediehen ist.

Die Verschiedenheit der Systeme bei den Waschgeräten und Maschinen ist ein Zeichen, daß die Konstrukteure noch nicht mit genügender Sicherheit den endgültig richtigen Weg erkannt haben.

Es ist nicht geklärt, ob man die Wäsche kochen soll, und ob das Kochen im schmutzigen oder gereinigten Zustand zu erfolgen hat, ob man sie mechanisch bearbeiten oder nur mit chemischen Waschmitteln behandeln soll. Man ist noch im Zweifel, ob bei mechanischer Bearbeitung die Einrichtungen mit ruhendem Waschgut und bewegter Lauge oder die mit bewegtem Waschgut und ruhender Lauge vorzuziehen sind.

Diese Verschiedenheit in der Ansicht über die grundsätzlichen Fragen kommt natürlich in der Anzahl und im Aufbau der mechanischen Einrichtungen zum Ausdruck.

Nach dem heutigen Stand der Technik ist es nicht möglich, eine endgültige Ausscheidung unter den Bauarten zu treffen. Möglicherweise tritt diese Ausscheidung auch späterhin nicht ein, vielleicht gilt auch hier der Satz, daß viele Wege nach Rom führen.

b) Der Waschvorgang.

Hinsichtlich des Waschverfahrens hat sich bis heute nur eine Erkenntnis einwandfrei durchgerungen, nämlich daß es zweckmäßig und wirtschaftlich ist, die Wäsche vor dem eigentlichen Waschen einzuweichen. Wenn ein Teil der gewerblichen Großwäschereien dies nicht tut, sondern statt dessen die Wäsche vorwäscht, d. h. beim Einweichen gleichzeitig einer mechanischen Bearbeitung unterwirft, so hat das andere Gründe, welche für den Einzelhaushalt nicht maßgebend sind.

Der Zweck des Einweichens ist, den an der Gespinstfaser oft recht fest haftenden Schmutz aufzulockern. Dieses Auflockern ist ziemlich erfolgreich bei den Schmutzarten, welche in Wasser bzw. Seifenlauge löslich sind, wie Schweiß, Fettflecke usw. Schwieriger ist das Auflockern der nicht löslichen Stoffe wie Gesteinstaub, Obstflecken, Flecken von Teerfarbstoffen, Öl- und Tintenflecken.

Durch Anwendung höherer Temperaturen wird bei einem Teil der Schmutzarten die Löslichkeit erhöht. Es ist aber bekannt, daß man beim Einweichen nicht über 40—45° gehen darf, weil ein Teil des Schmutzes sich bei höherer Temperatur chemisch verändert und statt leichter schwerer zu lockern ist; der Schmutz wird eingebrüht.

Die weitere Behandlung der Wäsche nach dem Einweichen dient dem alleinigen Zweck, diesen aufgelockerten Schmutz vollständig aus der Gespinstfaser zu entfernen. Die Schwierigkeit dieser Arbeit richtet sich nach dem Grad der Verschmutzung und der Zusammensetzung der Fremdstoffe. Hinsichtlich der Stärke der Beschmutzung unterscheidet man zwischen Anschmutzung, Einschmutzung und Verfleckung. Bei der Anschmutzung sitzt der Fremdstoff — meistens Staub — auf der Oberfläche des Fadens, ist infolgedessen ziemlich leicht zu entfernen. Bei der Einschmutzung ist der Fremdstoff bereits zwischen die einzelnen Fasern, aus denen sich der Faden zusammensetzt, eingedrungen. Am stärksten ist das Gewebe bei der Verfleckung in Mitleidenschaft gezogen. Hier umgibt der Fremdstoff die einzelnen Fasern und geht teilweise sogar chemische Verbindungen mit ihm ein.

In allen 3 Fällen ist die Entfernung der Fremdstoffe einfach, sofern sie in der Waschlauge löslich sind. Man braucht nur die Wäsche mit Wasser zu behandeln, das den Schmutz auflöst und hinwegträgt. Bei den nichtlöslichen Schmutzarten genügt diese Behandlung mit strömendem Wasser nicht.

Drei Wege gibt es, um auch diesen Schmutz zu entfernen. Anwendung von Lösungsmitteln, Ausbleichen des Farbstoffes oder so

starke mechanische Behandlung, daß der Schmutz von der Faser zwangs-
weise abgetrennt und zerrieben wird.

Die erste Methode ist nur anwendbar bei Einzelbehandlung der
Schmutzstellen. Diese Einzelbehandlung wird bei verschiedenen Waschverfahren vorgeschrieben, ist aber umständlich, zeitraubend und wenig
angenehm. Sie kommt nur für die Entfernung hartnäckiger Flecken
in Frage.

Ein Waschverfahren kann eigentlich nur dann als vollkommen
angesehen werden, wenn aller Schmutz bei der gemeinsamen Behandlung der Wäschestücke entfernt wird. Es gelingt dies fast restlos nach
der zweiten und dritten Methode. Die zweite Methode, Bleichen des
Schmutzes, ist weniger vorzuziehen weil hierbei der Schmutz aus der
Wäsche nicht entfernt sondern nur für das unbewaffnete Auge unsichtbar gemacht wird.

Die heute bekannten chemischen Waschmittel stehen nun teilweise
in dem nicht unbegründeten Verdacht, in der Hauptsache eine derartige
bleichende Wirkung auszuüben.

Aus diesem Grund empfiehlt es sich, die Wäsche nach der Behand-
lung mit derartigen Mitteln auch noch einer ausreichenden mechanischen
Behandlung zu unterwerfen, um den Schmutz auch tatsächlich aus der
Wäsche zu entfernen.

Diese gründliche Behandlung ist auch aus dem Grund zweckmäßig,
weil durch das verwendete Waschwasser und die Waschmittel, Seife,
Soda usw. ebenfalls Stoffe in die Lauge kommen, die an der Wäsche
haften bleiben, und im Verein mit dem nicht genügend entfernten
Schmutz schädlich auf die Gespinstfaser einwirken können. Sie verstopfen die Lufträume zwischen den Fasern, beeinträchtigen dadurch
die Aufsaugefähigkeit des Gewebes und verhindern den Luftdurchtritt.
Außerdem wird die Faser durch chemische Einwirkung vorzeitig zerstört.

c) Die Enthärtung des Wassers.

Enthärten mit Soda. Besondere Beachtung muß hierbei denjenigen schädlichen Bestandteilen geschenkt werden, welche durch die
Beschaffenheit des Wassers in die Waschlauge und damit auch in Berührung mit der Wäsche kommen.

Es sind dies die Härtebildner. Unsere deutschen Wässer enthalten
Kalzium- und Magnesiumsalze in größeren oder kleineren Mengen.
Enthält 1 m³ Wasser 10 g Kalziumoxyd, so besitzt das Wasser den
Härtegrad 1. Wasser vom Härtegrad 20 enthält demnach in 1 m³
200 g Kalziumoxyd. Wir bezeichnen Wasser als weich, wenn es nicht
mehr als 8 Härtegrade besitzt. Wasser bis zu 18 Härtegraden gilt als
mittelhart, solches mit 19—30 Härtegraden als sehr hart.

Die Kalzium- und Magnesiumoxyde besitzen die unangenehme
Eigenschaft, mit der Seife Verbindungen zu bilden, die man als Kalk-

seife bezeichnet. Abgesehen davon, daß die zur Bildung dieser Verbindung erforderliche Seife für den Waschvorgang verloren ist, übt die Kalkseife einen schädlichen Einfluß auf die Gewebe aus und verhindert, wie neuere Versuche gezeigt haben, die vollkommene Säuberung der Wäsche. 10 l Münchener Wasser von 15 Härtegraden vernichten beispielsweise 20 g Seife.

Durch die Beifügung von Soda kann die schädliche Wirkung der Härtebildner teilweise aufgehoben werden. Soda fällt aber nur die Kalziumsalze aus. Die Einwirkung auf die Magnesiumsalze ist nur gering. Diese bleiben fast restlos erhalten und bilden die bleibende Härte des Wassers. Beim Weichmachen des Wassers mit Soda werden also die Beimengungen nicht etwa aus dem Wasser entfernt, wie vielfach angenommen wird, sondern sie werden nur in unschädliche bzw. weniger schädliche umgesetzt und zwar erfolgt diese Umsetzung nur unvollkommen. Wenn auch diese neuen chemischen Stoffe keinen so schädlichen Einfluß mehr auf die Gespinstfaser ausüben, so bleiben sie doch bei ungenügender Säuberung der Wäsche an dieser haften und verleihen im Verein mit den sonstigen noch vorhandenen Schmutzteilen der Wäsche die so sehr unbeliebte graue Färbung. Darin dürfte das Geheimnis liegen, warum Regenwasser, das keinerlei derartige Stoffe enthält, zum Waschen so sehr viel besser geeignet ist wie Leitungswasser.

Der Seifenverbrauch ist infolge der ungenügenden Enthärtung des Wassers auch bei Zusatz von viel Soda immer noch größer als bei Verwendung von Regenwasser. Die Bildung von Kalkseife kann demgemäß durch Soda nicht vollkommen verhindert werden. Auch wirkt, wie bekannt, die überschüssige Soda ungünstig auf die Gespinstfaser ein.

Die vollkommene Befreiung des Wassers von Härtebildnern gelingt nur mittels besonderer Verfahren, unter denen das Permutitverfahren nach dem gegenwärtigen Stand der Technik für Waschzwecke am besten geeignet zu sein scheint.

Enthärtung des Wassers nach dem Permutitverfahren. Bei diesem Verfahren wird das zu enthärtende Wasser durch eine Schicht aus Natrium-Permutit geleitet. Dieses Natrium-Permutit ist ein durch Zusammenschmelzen von Feldspat, Kaolin, Sand und Soda gewonnenes Material, das die Eigenschaft besitzt, die im Wasser enthaltenen Härtebildner aufzunehmen und in andere Stoffe umzusetzen.

Der innere Aufbau eines derartigen Enthärtungsapparates ist aus dem Schnitt auf Abb. 81 zu entnehmen. Das Rohwasser tritt oben in den Apparat ein und wird zuerst durch eine Kiesschicht geleitet, die es von allenfalls vorhandenen mechanischen Beimengungen befreit. Dann tritt es in die Permutitschicht ein, wird dort von den schädlichen Härtebildnern befreit und verläßt den Apparat wieder am unteren Ende.

Naturgemäß kann diese Permutitschicht nicht unbegrenzte Mengen von Härtebildnern aufnehmen und in andere Stoffe umsetzen. Es erschöpft sich und muß regeneriert werden. Diese Regenerierung geschieht in sehr einfacher Weise durch Hindurchleiten einer Kochsalzlösung. Die Salzlösung nimmt bei der Regeneration denselben Weg durch den Apparat wie das zu reinigende Wasser.

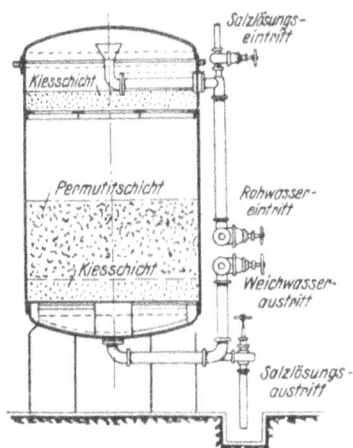

Abb. 81. Schnitt durch einen Wasserenthärter der Permutit A.-G. Berlin.

Da nach Angabe der Hersteller das Permutit beliebig oft regeneriert werden kann und dabei jährlich nur etwa 5% Abnützung erfährt, so bestehen die Kosten für Wasserenthärtung im wesentlichen nur aus den Kosten für die Regenerierung. Diese betragen für Wasser von 15⁰ Härte etwa 3 Pf. für 1 m³.

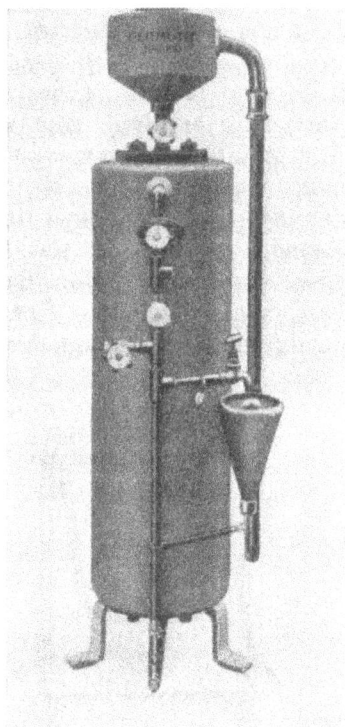

Abb. 82. Wasserenthärter der Permutit A.-G. für einen größeren Haushalt.

Bei uns sind solche Apparate im Haushalt noch fast unbekannt, dagegen werden sie in England auch in kleineren Haushaltungen schon sehr viel benützt. Abb. 82 zeigt einen derartigen Apparat für Haushaltzwecke. Er war auf der Ausstellung „Das ideale Heim in London" 1928 zu sehen.

d) Die Einrichtungen zum Kochen der Wäsche.

Es besteht heute keine einheitliche Meinung über die Notwendigkeit des Kochens. Die Amerikaner besonders halten es nicht für nötig. Ihre Maschinen besitzen infolgedessen meist keine Vorrichtung zum Kochen. Auf Grund theoretischer Erörterungen ist es nicht möglich, eine Klärung dieser Frage herbeizuführen. Wenn die Amerikaner ohne

Kochen tadellos weiße Wäsche erhalten, so liegt das an der Beschaffenheit des Wassers, in der Art der verwendeten Gewebe und vielleicht
auch an den Eigenschaften der verwendeten Waschmittel. Auch wird
behauptet, daß die Amerikaner an das Aussehen ihrer Wäsche keine
so hohen Anforderungen stellen wie die deutsche Hausfrau.

Nach den Beobachtungen des Verfassers und nach Versuchen, die
von anderer Seite angestellt worden sind, ist es bei Verwendung von
hartem Wasser — auch wenn es durch Zusatz von Soda weich gemacht
ist — nicht möglich, ohne Kochen die schneeweiße Farbe der Wäsche
dauernd zu erhalten. Die Wäsche vergilbt. Leinengewebe vergilben
am raschesten, langsamer geht es bei Baumwollgeweben vor sich. Bei
einigen Stücken konnte ein Vergilben allerdings nicht beobachtet werden. Ein Grund hierfür ist im Abschnitt c bereits angegeben. In vielen
Gegenden genügt auch das Kochen nicht. Dort ist nur durch gleich-
zeitige Verwendung von Sauerstoffbleichmitteln eine tadellos weiße
Wäsche zu erzielen. Das Kochen der Wäsche ist auch vom hygienischen
Standpunkt aus zu empfehlen.

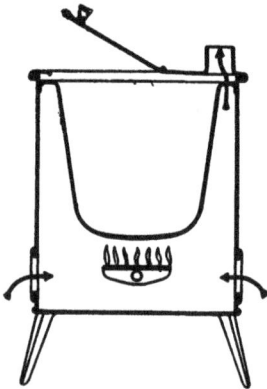

Abb. 83. Schnitt durch einen eng-   Abb. 84. Ansicht desselben Kessels.
lischen Waschkessel mit Gasheizung.

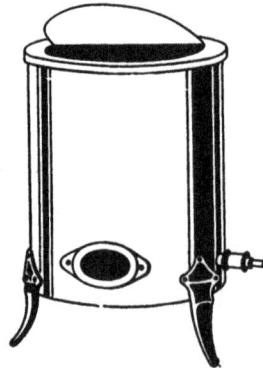

Bei dem verhältnismäßig großen Verbrauch an Wärme zum Kochen
der Wäsche wie auch zum Nachspülen spielt die Heizung des Waschkessels wirtschaftlich eine Rolle. In Deutschland wurden die Waschkessel bis vor kurzem ausschließlich mit festen Brennstoffen geheizt,
neuerdings kommt aber die Heizung mit Gas und elektrischem Strom
wegen der Einfachheit der Bedienung mehr und mehr in Aufnahme.

In England werden derartige Gaswaschkessel seit längerer Zeit in
großem Umfang verwendet und sind zu einem auffallend niederen
Preis zu haben. Ein derartiger Kessel ist auf Abb. 83 im Schnitt, auf
Abb. 84 in der Ansicht zu sehen. Der innere Kessel ist aus Kupfer,
die äußere Umhüllung aus beiderseits emailliertem Eisenblech gefertigt.

Der Preis eines solchen Kessels für 45 l Inhalt beträgt in Reichswährung umgerechnet je nach Ausführung 40—80 RM.

Die großen Vorzüge des Gaswaschkessels — stete Betriebsbereitschaft, mühelose Bedienung, leichte Regelbarkeit — sind unbestritten. Über die Kosten im Vergleich zum kohlebeheizten und dem elektrisch betriebenen gibt die Zahlentafel 15 ungefähren Aufschluß.

Dem Vergleich liegt Handwäscherei zugrunde. Es ist angenommen, daß monatlich 50 kg Wäsche zu reinigen sind. Der Kesselinhalt beträgt 50 l. Der Wärmeverbrauch zum Ankochen einer Füllung von 12^0 auf 97^0 beträgt dann 4250 WE, das ergibt bei 72 Füllungen im Jahr $306 \cdot 10^3$ WE. Bei 30% Wirkungsgrad des Kohlenkessels beträgt der jährliche Verbrauch zum Ankochen: 145 kg Kohlen. Der Rest = 45% wird zum Fortkochen benötigt. Bei der Gasheizung ist der Wärmeverbrauch zum Fortkochen nur zu 20% angenommen, da die Wärmeerzeugung besser geregelt werden kann wie bei der Kohleheizung. Bei dem mit Nachtstrom geheizten Kessel ist ein besonderer Stromverbrauch zum Fortkochen nicht eingesetzt, hier erfolgt die Erhitzung verhältnismäßig langsam, so daß Weiterkochen der Wäsche nach Erreichung des Siedepunktes nicht notwendig ist.

Zahlentafel 15.

Vergleich der Gesamtjahreskosten für Wärmebehandlung der Wäsche bei Handwäscherei.

Nr.	Vortrag		Heizung mit	
		Kohle	Gas	elektr. Strom (Nachtstrom)
1	Anschaffungskosten . . . . RM.	60	90	120
2	Verzinsung . . . . 7 %	4,20	6,30	8,40
3	Lebensdauer . . . . Jahre	10	15	15
4	Erneuerungsrücklage . . . . RM.	4,30	3,60	4,80
5	Unterhalt . . . . RM.	6	4	6
6	Wirkungsgrad . . . . %	30	75	90
7	Zahl der Kesselfüllungen bei 50 kg Monatswäsche einschl. Heißwassererzeugung . . .	72	72	72
8	Wärmeinhalt des Brennstoffs . . . . . WE	7000/kg	3700/m³	860/kWh
9	Brennstoffpreis	5 M. je 100 kg	15 Pf. je m³	6 Pf. je kWh
10	Brennstoffverbrauch zum An- und Fortkochen	220 kg	132 m³	400 kWh
11	Brennstoffkosten . . . . RM.	11	19,80	24
12	Bedienung je St. 0,50 M. . . . . RM.	5,0	1,00	1,00
13	Gesamtjahreskosten . . . . RM.	30,50	34,70	44,20

Der Vergleich zeigt, daß unter Einrechnung der Bedienung die Jahreskosten bei dem mit Gas beheizten Kessel nicht wesentlich höher sind als beim Kohlenkessel. Bei der Berechnung ist angenommen, daß das zum Spülen der Wäsche benötigte heiße Wasser im Waschkessel selbst erzeugt wird.

Steht ein besonderer Wassererhitzer zur Verfügung, so werden die Kosten für Wärmeerzeugung bei Kohlen und Gasheizung noch etwas geringer wegen des höheren Wirkungsgrades dieser Apparate (siehe Teil III, S. 58).

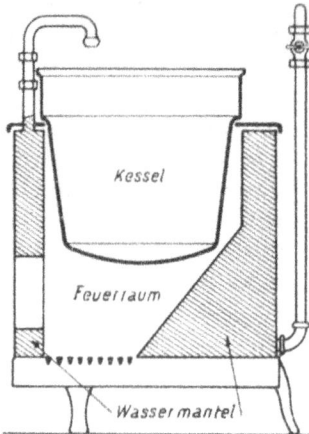

Der erhebliche Verbrauch an heißem Wasser in der Waschküche hat zum Bau von Kochkesseln geführt, die gleichzeitig auch heißes Wasser erzeugen. Bei diesen Kesseln ist der äußere Mantel als Wasserbehälter ausgebildet (Abb. 85).

Der Wirkungsgrad eines solchen Kessels ist zweifellos günstig. Nach Angabe der Erzeuger beträgt die Ersparnis an Kohle 50%. Allerdings ist mit der Erzeugung von heißem Wasser für Waschzwecke das Problem nicht gelöst, weil im Haushalt heißes Wasser auch für sonstige Zwecke nötig ist.

Abb. 85. Waschkessel für Kohlefeuerung mit Wassermantel.

Es ist hieraus wieder ersichtlich, wie vorteilhaft die Vereinigung der Waschküche mit dem Waschraum ist. In diesem Fall kann das im Waschkessel erzeugte heiße Wasser auch für das Bad verwendet werden.

e) Waschapparate mit ruhendem Waschgut und bewegter Waschflüssigkeit.

Der gesamte Waschvorgang zerfällt in zwei Teile:

1. Auflösen und Ablösen der Schmutzteile von der Gespinstfaser,
2. Wegspülen der abgelösten Schmutzteile von der Wäsche zwecks Verhinderung der Graufärbung und Verstopfung der Lufträume.

So verschiedenartig auch der Aufbau der zur Vornahme dieser Arbeiten heute vorhandenen Einrichtungen ist, so zerfallen sie doch in der Hauptsache in zwei Gruppen:

1. in Einrichtungen, bei welchen die Wäsche ruht und die Waschlauge bewegt wird und
2. in Einrichtungen, bei welchen die Waschlauge ruht und die Wäsche bewegt wird.

Selbstredend wird beim Betrieb der Einrichtungen dieser Unterschied nicht mehr streng aufrechterhalten bleiben, es geraten meist beide Teile in Bewegung. Der Unterschied erstreckt sich infolgedessen mehr darauf, welcher der beiden Teile Waschlauge oder Wäsche zwangsläufig in Bewegung gesetzt wird.

Die Einrichtungen unter Ziff. 1 umfassen in der Hauptsache die neuerdings sehr in Aufnahme gekommenen Sprudelapparate oder, allgemeiner gesprochen, Apparate mit zwangsläufiger Führung der Waschflüssigkeit. Bewegt wird die Waschlauge, auch im Waschkessel, nur wird sie dort nicht zwangsläufig geführt.

Die Säuberung von Schmutz erfolgt bei diesen Einrichtungen ohne nennenswerte mechanische Bewegung der Wäsche, also ohne Reibung. Die Wäsche wird infolgedessen wenig oder gar nicht „abgeschmirgelt" oder verrieben. Bei dem gewöhnlichen Waschkessel (Abb. 83) strömt oder sickert vielmehr das kochende Wasser infolge des geringeren spez. Gewichtes nach oben. Wird diese Bewegung durch die Wäsche zusehr gehemmt, so bilden sich in erhöhtem Maß Dampfblasen, welche die Wäsche leichter zu durchdringen vermögen als das Wasser selbst. Durch diese dauernde Berührung und Durchdringung der Wäsche mit kochendem Wasser und Dampf tritt schon eine Ablösung des Schmutzes ein, die durch die vorhandene hohe Tempe-ratur wesentlich unterstützt wird.

Bei den Sprudelapparaten (Abb. 86) wird die kochende Lauge zuerst zwangsläufig nach oben geführt und durchdringt erst auf ihrem Rückweg die Wäsche.

Die mechanische Kraft, welche diesem durch die Wäsche dringenden Flüssigkeitsstrom innewohnt, ist nicht sehr erheblich. Es kommt auch hier nur ein verhältnismäßig langsames Durchsickern in Frage. Um ein wirkliches Strömen der Flüssigkeit zu erreichen, wäre ein sehr hoher Druck notwendig, der in den Appa-raten nicht vorhanden ist und dessen Anwen-dung auch erhebliche Gefahren für die Wäsche mit sich bringen würde. Derartige, mit hohem Druck arbeitende Apparate sind in der Patentliteratur zu finden. Zur Einführung sind sie aber bis jetzt nicht gekommen. Die Folge dieser geringen mechanischen Kraft des Flüssigkeitsstromes ist eine ver-hältnismäßig lange Dauer des Waschvorganges.

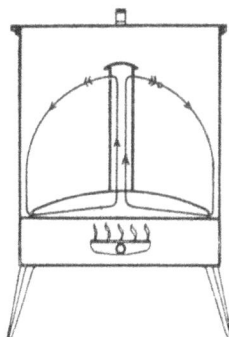

Abb. 86. Gewöhnlicher Sprudelapparat ohne Vor-richtung zur Ausscheidung des Schmutzes.

Bei den neuen elektrisch geheizten Apparaten dieser Art dauert der Vorgang 7 Stunden und noch mehr. Die Waschmethode ist zweifel-los sehr einfach und bequem, da während der ganzen Zeit keine Be-dienung nötig ist. Eine vorläufig noch nicht einwandfrei zu beant-wortende Frage ist die, ob diese lang andauernde Erhitzung auf nahezu Siedetemperatur keinen schädlichen Einfluß auf die Festigkeit der Gespinstfaser ausübt. Es wird dies verschiedentlich behauptet, ob mit Recht, kann nur durch wissenschaftliche Untersuchung einwandfrei geklärt werden.

Ein anderer nicht ohne weiteres von der Hand zu weisender Mangel dieser Apparate ist der, daß beim weiter fortgeschrittenen Waschvorgang der bereits losgelöste Schmutz dauernd immer wieder durch die Wäsche hindurchgeleitet wird und sich infolge der geringen Strömungsgeschwindigkeit der Waschlauge dort absetzen kann. Die Wäscheschicht wirkt als Schutzfilter. Besonders werden die oberen Lagen der Wäsche in Mitleidenschaft gezogen. Der Schmutz setzt sich immer an der Stelle des Kreislaufes ab, an welcher die geringste Strömungsgeschwindigkeit vorhanden ist. Das ist zweifellos der Fall beim Durchdringen der Wäscheschicht. Die Bodenfläche kommt nicht in Frage, da von hier der Schmutz zwangsläufig wieder in die Höhe gerissen wird. Durch Auflegen eines eigenen Filtertuches auf die Wäscheschicht kann dieser Mißstand teilweise vermieden werden. Abb. 87 zeigt einen Apparat, bei welchem dieser Mangel durch andere Vorkehrungen beseitigt ist. Die Wäsche befindet sich in einem besonderen durchlöcherten Behälter, der frei im Innern des eigentlichen Waschkessels hängt.

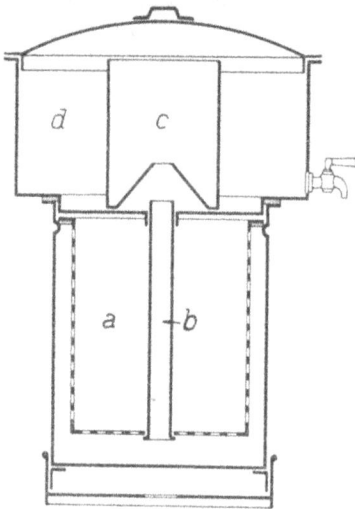

Abb. 87. Sprudelapparat der Firma Mertens mit zwangsläufiger Ausscheidung des Schmutzes. Wasserinhalt 48—76 l, Aufnahmevermögen 6—12 kg Trockenwäsche.

Sobald die Lauge kocht, strömen die mit Seife gesättigten Dämpfe durch das Waschgut und sinken dann als Flüssigkeit mit Schmutz beladen wieder zurück. Dieser Schmutz kommt aber nicht wieder mit der Wäsche in Berührung, sondern wird wie beim gewöhnlichen Apparat durch das Steigrohr in die Höhe gerissen und lagert sich in dem hierfür vorgesehenen Kondensator ab.

Das Fehlen der Reibung zwischen den einzelnen Wäschestücken hat außer der langen Waschdauer noch zur Folge, daß unlöslicher Schmutz nicht oder nur sehr unvollkommen entfernt wird. Sehr schmutzige Stellen oder Flecken aus schwerlöslichen Stoffen bleiben deshalb bestehen und müssen gesondert entfernt werden. Die meisten Erzeuger derartiger Apparate weisen in ihrer Waschvorschrift auf diese Notwendigkeit besonders hin, etwa durch den Beisatz, daß besonders schmutzige Stellen und Flecke durch leichtes Reiben gesondert zu entfernen sind. Um das Reiben kommt man demnach doch nicht ganz herum.

f) Waschvorrichtungen mit bewegtem Waschgut und ruhender Waschflüssigkeit.

Diese Gruppe umfaßt die eigentlichen Waschmaschinen. Sie reinigen die Wäsche vorwiegend durch Reibung. Bei der Bewegung der Wäsche tritt Reibung sowohl zwischen den Wäschestücken selbst als auch zwischen diesen und der Behälterwand auf.

α) Die Trommelwaschmaschine. Die bekannteste Vertreterin dieser Gattung ist die Trommelwaschmaschine. Sie wird in den Großwäschereien fast ausschließlich verwendet.

Die Wäsche befindet sich hier in einer um eine horizontale Achse drehbaren, mit Löchern versehenen Trommel, die sich in der Waschlauge bewegt. Die Wäsche wird dabei durch die Reibung an der Trommelwand und durch besondere Mitnehmer hochgehoben und fällt, wenn sie einen gewissen Höhepunkt erreicht hat, wieder in die Waschlauge zurück. Bei dieser Bewegung tritt eine erhebliche Reibung zwischen der Wäsche und der Trommelwand und zwischen den einzelnen Wäschestücken auf. Der Schmutz wird also wie gewünscht „abgerieben". Außerdem wird die Wäsche kräftig mit Waschlauge durchspült und der abgeriebene Schmutz aus dem Gewebe entfernt.

Ein „Aufreiben" der Wäsche wird verhindert durch die schmierende Wirkung der Seife und insbesondere des Seifenschaumes. Es darf jedoch durch diese schmierende Wirkung die Reibung nicht zusehr vermindert werden, da sonst kein Ablösen des Schmutzes eintritt. Es ist jedem Besitzer einer Waschmaschine bekannt, daß bei Vorhandensein von zu viel Schaum die Wäsche nur ungenügend gereinigt wird. Die Trommel darf sich nicht dauernd in derselben Richtung bewegen, da die Wäsche sonst zusammengerollt wird und die innen befindlichen Wäschestücke ungereinigt bleiben. Die Drehvorrichtung wird deshalb etwa 5 mal in der Minute gewechselt. Die Maschine wird meist mit Heizung versehen, um die Temperatur der Waschlauge dauernd an der Siedegrenze halten zu können.

In diesen Maschinen kann bei genügend langer Ausdehnung des Waschvorganges (bis zu einer Stunde bei vorgeweichter Wäsche) vollkommene Säuberung auch der sehr schmutzigen Stellen und Entfernung fast aller Flecken erzielt werden.

Leider bedingt die Anordnung des mechanischen Antriebes in Verbindung mit der Bodenheizung einen verhältnismäßig hohen Preis der Maschinen. Bei vereinfachter Ausführung und Antrieb von Hand sind die Herstellungskosten jedoch ziemlich gering.

Eine besonders für die Zwecke des Haushalts gebaute Trommelmaschine ist auf Abb. 88 dargestellt. Das Wesentliche an dieser Maschine ist die Verwendung der Trommel zum Waschen und als Trockenschleuder.

Im Gegensatz zu den übrigen Trommelwaschmaschinen dreht sich die Waschtrommel hier stets in derselben Richtung. Der Durchmesser der Trommel ist im Verhältnis zum Wäscheinhalt groß, so daß bei richtiger Beschickung ein Zusammenballen der Wäsche nicht eintritt.

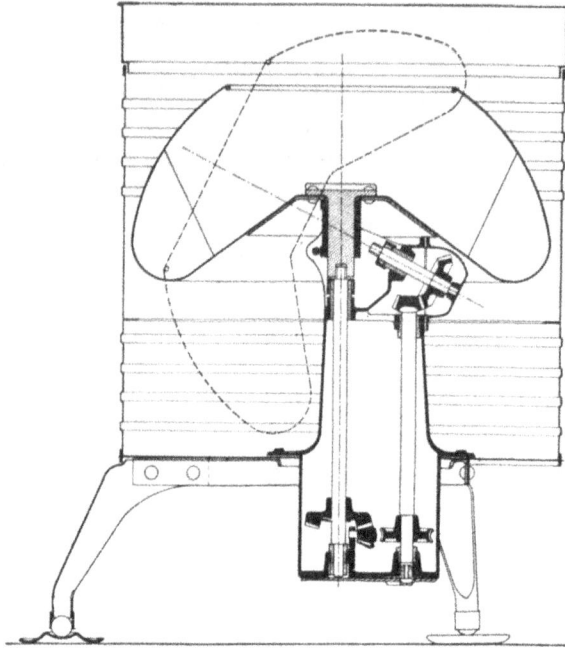

Abb. 88. Schnitt durch das Triebwerk der Savage-Waschmaschine.
-------- Trommel in Waschlage, Drehzahl 24 U/min, Leistungsaufnahme 320 W; ———— Trommel in Schleuderlage, Drehzahl 450 U/min, Leistungsaufnahme 320 W; Wasserinhalt 45 l, Aufnahmevermögen 4—5 kg Trockenwäsche.

Die Maschine besitzt wie fast alle amerikanischen Maschinen keine Vorrichtung zum gleichzeitigen Kochen der Wäsche. Es ist deshalb zweckmäßig, das Kochen vorher oder nachher vorzunehmen. Allerdings gestaltet sich der Waschvorgang hierdurch etwas umständlicher. Verzichtet man auf das Kochen, so müssen nach den Erfahrungen des Verfassers einzelne Stellen der Wäsche nachbehandelt werden. Außerdem vergilbt die Wäsche allmählich. Wird jedoch die Wäsche mit einem Sauerstoffwaschmittel kurze Zeit vorgekocht, so tritt vollkommene Säuberung auch der schmutzigsten Stellen ein. Die Waschdauer schwankt zwischen 10 und 30 Minuten, je nach dem Zustand der Wäsche.

Eine Abart der Trommelmaschine ist die Waschmaschine der Skandowerke (Abb. 89). Auf einen besonderen Behälter für die Waschlauge ist hier verzichtet; die Lauge befindet sich mitsamt der Wäsche in einem kugelförmigen Behälter, der gleichzeitig die ganze Waschmaschine darstellt. Der Deckel des Behälters muß infolgedessen abgedichtet werden, um das Austreten der Waschlauge zu verhindern.

Der einfache Aufbau der Maschine ermöglicht geringen Preis.

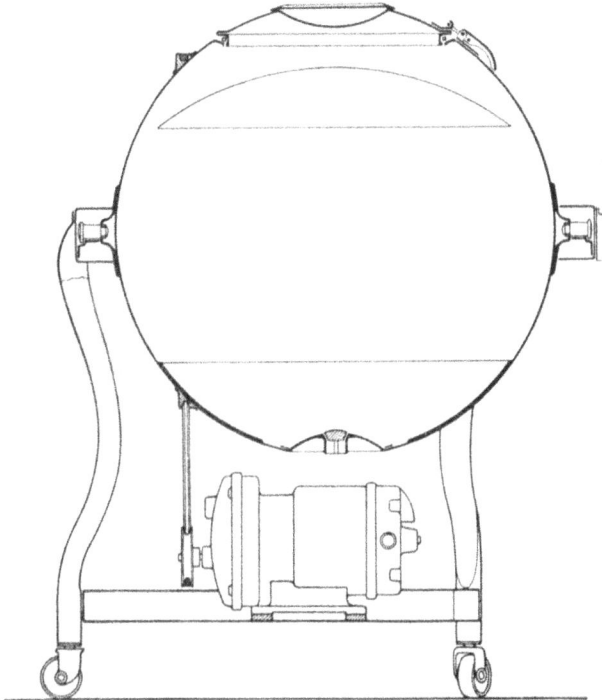

Abb. 89. Waschmaschine der Skandowerke mit kugelförmigem Wäschebehälter. Aufnahmevermögen 3—6 kg Trockenwäsche, Stromaufnahme 80—100 W.

β) Die Quirl-Waschmaschine. Die Quirl-Waschmaschinen bestehen aus einem Behälter, in welchem die Wäsche mit Hilfe einer Rührvorrichtung in wechselnder Richtung hin und her bewegt wird. Diese Maschinen reinigen die Wände demnach in der Hauptsache ebenfalls durch Reibung. Es befinden sich auf dem Weltmarkt eine große Menge verschiedener Bauarten, die sich aber nur durch die Art des Antriebes und die Ausbildung des Waschquirls unterscheiden. Dessen Bauart muß besondere Beachtung geschenkt werden, um eine Beschädigung der Wäsche hintanzuhalten. Glatte Oberfläche unter Vermeidung aller vorspringenden Ecken und Kanten ist die Hauptsache.

Der Quirl besteht entweder aus Stäben oder aus Flächen. Die Anzahl der Stäbe und die Art ihrer Befestigung ist verschieden. Bei

der Ausführung Abb. 90 sind drei Stäbe vorhanden, die von einem
oben befindlichen Kreuz zusammengehalten werden. Das Kreuz mit
den Stäben kann entfernt werden, wodurch besonders das Herausnehmen
der Wäsche aus dem Be-
hälter erleichtert wird. Der
Antrieb des Quirls erfolgt
vom Boden aus.

Bei anderen Ausfüh-
rungen sind die Stäbe auf
einer Platte am Boden des
Behälters befestigt und ver-
bleiben dauernd im Behälter.
Der Antrieb erfolgt ebenfalls
von unten. Bei den ver-
schiedenen Ausführungen
wechselt die Zahl der Stäbe,
ihre Länge und Form.

Abb. 91 zeigt den Quirl
einer amerikanischen Waschmaschine. Er fällt durch
seine besonders günstige

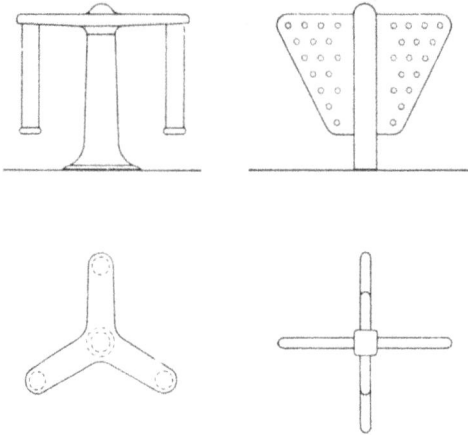

Abb. 90. Zwei verschiedene Ausführungsformen
der Rührvorrichtung von Waschmaschinen.

Formgebung auf. Alle Kanten und Ecken, an denen allenfalls die
Wäsche eingeklemmt und beschädigt werden kann, sind vermieden.
Auch hier ist der Antrieb an der Bodenfläche eingebaut.

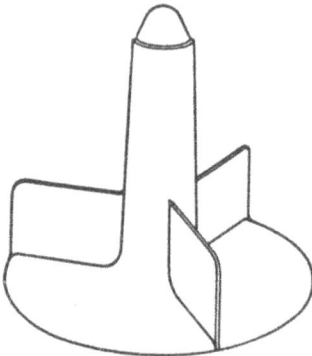

Abb. 91. Quirl der Horton-
Waschmaschine.

Abb. 92. Oberteil des Elektrolux-
wäschers mit exzentrisch bewegtem
Kolben. Triebwerk vollkommen eingeschlossen.

Will man die Maschine mit Bodenheizung versehen, so muß der
Antrieb vom Deckel her erfolgen. Das hat den Nachteil, daß beim
Einlegen und Herausnehmen der Wäsche der Deckel mitsamt dem An-

trieb abgenommen bzw. in die Höhe geklappt werden muß. Bei einem kleinen Apparat, wie z. B. dem Elektroluxwäscher, Abb. 92, ist das Gewicht des Deckels mitsamt dem Antrieb nicht so erheblich, daß das Auf- und Abnehmen ermüdend wirkt, wohl ist das aber der Fall bei einer großen Waschmaschine.

Die Amerikaner ziehen der bequemeren Handhabung halber den Antrieb von unten vor, verzichten dabei aber auf die Bodenheizung.

γ) Die Waschmaschine mit Saugnäpfen. Bei diesen Maschinen befindet sich die Wäsche in einem ruhenden Behälter und wird durch eine Saug- und Druckvorrichtung in senkrechter Richtung auf- und niederbewegt. Die Maschinen reinigen die Wäsche demnach durch Reibung in Verbindung mit einer besonders kräftigen Durchdringung mit Waschlauge und Luft.

Das Grundprinzip ist aus Abb. 93 ersichtlich. Der Saugnapf befindet sich auf der Abb. in der Hochlage. Bei der Abwärtsbewegung des Saugnapfes wird die Luft herausgepreßt und die Wäsche zusammengedrückt. Beim Hochheben bleibt die Wäsche zunächst am Saugnapf kleben und wird mit hochgehoben so lange, bis das Gewicht der hochgehobenen Wäsche gleich ist der durch die Luftverdünnung geschaffenen Hubkraft. Dann fällt die Wäsche wieder in den Bottich zurück. Die Wäsche wird bei diesem Waschverfahren sehr geschont. Die Wäscheschicht im Behälter darf jedoch nicht zu hoch sein, sonst wird nur ein Teil der Wäsche durch die Saugkraft hochgehoben. Die Maschinen können ebenfalls mit Antrieb von oben oder unten gebaut werden.

Abb. 93. Grundprinzip des Waschens mit Saugnäpfen.

Bei dem kleinen Orionwäscher wird ein solcher Saugnapf verwendet, bei der amerikanischen Easywaschmaschine deren drei. Die Saugnäpfe werden selbsttätig im Kreis herumgeführt, so daß alle Wäsche hochgehoben wird.

Es ist bei dem beschränkten Raum des Buches nicht möglich, alle die vorhandenen Maschinen der vorbeschriebenen Art abzubilden. Es wird auf die am Ende des Buches aufgeführte Literatur verwiesen, besonders auf das Buch von Irene Witte „Heim und Technik in Amerika", das die Abbildungen amerikanischer Maschinen enthält.

Eine amerikanische Waschmaschine sei ihrer eigenartigen Bauart wegen hier noch erwähnt, die „Lokomotive" (Abb. 94). Der Behälter mit der Wäsche befindet sich bei dieser Maschine in einem Kasten und wird durch eine Kurbelstange hin und her bewegt. Durch besondere Formgebung der Innenwand wird erreicht, daß sich die Waschlauge in der auf dem Bild angegebenen verschlungenen Weise bewegt.

Ein besonderes Kapitel bildet bei allen mechanisch bewegten Maschinen der Antrieb. Er erfolgt entweder von Hand oder elektrisch.

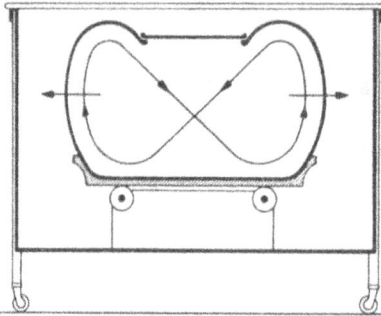

Abb. 94. Grundprinzip der amerikanischen Waschmaschine „Lokomotive".

Bei billigen Wasserpreisen und genügend hohem Druck kann auch der Antrieb durch einen Wassermotor erfolgen.

Die konstruktive Durchbildung dieses Antriebes entspricht bei den meisten Maschinen nicht dem gegenwärtigen hohen Stand der Maschinentechnik. Die Zahnräder, Kurbelwellen, Triebstangen liegen meist offen da, dem Wasser und Schmutz schonungslos ausgesetzt. Die Seifenlauge wirkt sehr stark rostbildend, viel mehr wie das gewöhnliche Leitungswasser. Es wäre also gerade bei diesen Maschinen die Einkapslung des ganzen Getriebes dringend notwendig, um der Hausfrau das mühevolle Reinigen des oft recht vielteiligen und nicht leicht zugänglichen Antriebes zu erleichtern und die Teile vor rascher Zerstörung zu bewahren. Im übrigen Maschinenbau werden alle Getriebe so weit irgend möglich eingekapselt. Hierdurch wird auch am besten den Forderungen des Unfallschutzes entsprochen.

Unter den mir bekannten Maschinen entsprechen nur die Savagewaschmaschine und die kleinen Wascher Elektrolux und Orion dieser Anforderung in ausreichendem Maß. Das Getriebe der Savagemaschine ist aus der Abb. 88 ersichtlich.

g) Einrichtungen zum Trocknen der Wäsche.

Das Trocknen der Wäsche erfolgt stets in zwei Stufen. Erst wird sie vor- und dann fertiggetrocknet. Das Vortrocknen erfolgt gewöhnlich durch Auswinden von Hand oder durch Auspressen mit Gummiwalzen.

Das Auswinden von Hand ist für die Wäsche am schädlichsten, da das Gewebe gezerrt wird. Besser ist das Auspressen mit Gummiwalzen, doch befriedigt diese Methode nicht restlos. Knöpfe, Hacken usw. gehen oft nicht unbeschädigt durch die Walzen. Dicke Stellen werden ungenügend ausgepreßt. Die Gummiwalzen sind starkem Verschleiß unterworfen.

Die Wringer werden bei verschiedenen Maschinen an die Waschmaschine angebaut und von dem gleichen Elektromotor aus angetrieben.

Dieser Antrieb ist aber nicht einfach wegen der hohen Lage des Wringers (Abb. 75).

Am besten erfolgt das Vortrocknen der Wäsche mittels der Trockenschleuder, die heute auch in einfacher Ausführung für Haushaltzwecke gebaut wird (Abb. 95). Die Wäsche erleidet dabei keinerlei Beschädigungen und kann im Bedarfsfall bügelfertig vorgetrocknet werden. Bei der abgebildeten Schleuder ist das Getriebe vollkommen eingekapselt. Sie kann in dieser Beziehung als vorbildlich gelten.

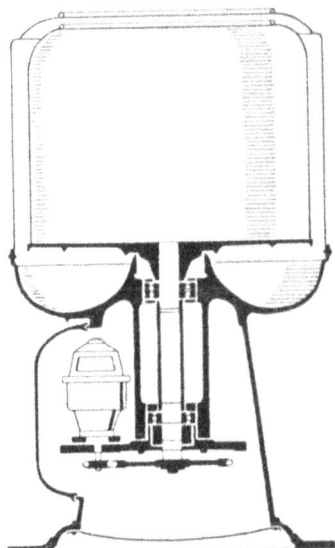

Abb. 95. Elektrisch angetriebene Trockenschleuder der Krauß- werke.

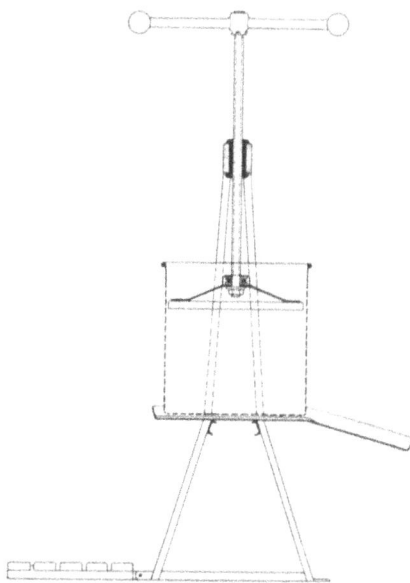

Abb. 96. Wäschepresse Frauenlob mit nicht durchgehender Spindel und seit- lich ausschwenkbarem Wäschebehälter.

Bei der Savage-Waschmaschine dient, wie bereits erwähnt, die Trommel auch zum Ausschleudern der Wäsche. Nach den Beobachtungen des Verfassers erleidet die Wäsche auch hier keinerlei Beschädigung.

Handtrocken wird die Wäsche nach 3 Minuten schleudern, bügelfertig nach 15 Minuten. Einige Übung erfordert das gleichmäßige Einlegen der Wäsche in die Trommel. Bei ungleichmäßiger Lage entstehen Seitenkräfte. Da die Maschine frei auf dem Boden steht, dürfen diese Seitenkräfte nur gering sein, sonst gerät die Maschine in Schwingung und bewegt sich von ihrem Platz weg. Dieses richtige Einlegen der Wäsche ist jedoch von jedermann in kurzer Zeit zu erlernen.

Die Trockenschleudern besitzen nur einen Nachteil, das ist ihr hoher Anschaffungspreis. Eine gute Trockenschleuder mit elektrischem

Antrieb in der Ausführung für Haushaltzwecke ist unter 250 RM. nicht herzustellen.

Einen Ersatz bieten die Handpressen, die nach Art der Fruchtpressen gebaut sind. Eine derartige Presse ist auf Abb. 96 im Schnitt zu sehen. Der Preis beträgt etwa 60 RM. Einen vollkommenen Ersatz für die Schleuder können die Pressen natürlich nicht bilden. Abgesehen von der Anstrengung, welche das Auspressen erfordert, ist auch eine Beschädigung der Wäsche nicht vollkommen ausgeschlossen.

Das Fertigtrocknen der Wäsche erfolgt meist durch Lufttrocknung im Freien oder in Trockenräumen. In neuerer Zeit werden auch im Haushalt Trockenschränke verwendet, die entweder mit Gas oder elektrisch geheizt werden. Einen derartigen Trockenschrank zeigt die Abb. 97 im Schnitt, Abb. 98 in der Ansicht. Die Betriebskosten eines derartigen Schrankes richten sich nach dem Feuchtigkeitsgrad der Wäsche.

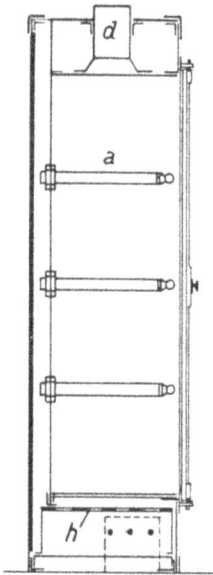

Abb. 97. Wäschetrockenschrank der Wamslerwerke (Schnitt). Stromaufnahme 1—3 kW.
a ausziehbarer Wäscheträger, d Dunstabzug, h Heizkörper.

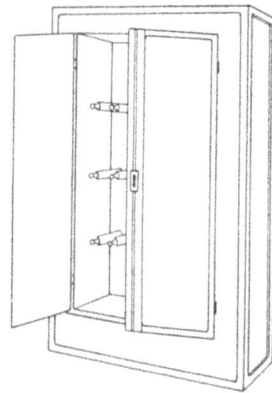

Abb. 98. Wäschetrockenschrank der Wamslerwerke (Ansicht).

h) Die Wirtschaftlichkeit der Wasch- und Trockenmaschinen im Haushalt.

Der Anschaffungspreis einer Waschmaschine mit mechanischem Antrieb ist ziemlich hoch, so daß es genauer Untersuchung bedarf, ob sich ihre Verwendung im kleineren Haushalt lohnt. Dem Vergleich zwischen der Hand- und der mechanischen Wäsche auf Zahlentafel 16 ist die Savage-Waschmaschine zugrunde gelegt, weil der Verfasser Gelegenheit hatte, mit dieser Maschine genauere Versuche durchzuführen. Die Umrechnung des Vergleichs auf andere Bauarten erfordert keine besondere Mühe.

Zahlentafel 16.

Vergleich der Kosten bei Reinigung der Wäsche von Hand und mit der Maschine.

Nr.	Vortrag		Maschine	Hand-wäsche
1	Gewicht der Trockenwäsche monatlich . . . . . . kg		50	50
2	Zeitaufwand:			
3	Einweichen einschl. Einseifen der sehr schmutzigen Stellen . . . . min		170	170
4	Kochen und Waschen der Wäsche . . . . . . min		320	960
5	Heißspülen . . . . min		80	160
6	Kaltspülen schleudern . . . . min		40	—
7	Kaltspülen auswringen . . . . min		—	120
8	Gesamter Zeitaufwand . . . min		610	1410
9	Bedienungskosten . . . . RM.		7,10	16,50
10	Waschmittel:			
11	Seife, Waschpulver und Soda . . . . RM.		2,40	4,00
12	Gasverbrauch zum Kochen und zur Heißwasser-erzeugung . . . . RM.		1,00	1,50
13	Stromverbrauch einschl. Licht . . . . RM.		0,40	0 20
14	Gesamtbetriebskosten . . . RM.		10,90	22,20
15	Anschaffungspreis der Maschine . . . . RM.		700,00	5,00
16	Zinsentgang bei 7% monatlich . . . . RM.		4,10	0,04
17	Lebensdauer . . . . Jahr		15	2
18	Erneuerungskosten monatlich . . . . RM.		2,35	0,21
19	Unterhalt . . . . RM.		1,00	—
20	Gesamtkosten . . . RM.		18,35	22,45
21	Jährliche Ersparnis . . . . RM.		50,00	—

Aus dem Vergleich geht hervor, daß trotz des verhältnismäßig hohen Anschaffungspreises für die Maschine ihre Beschaffung wirtschaftlich ist. Nicht eingerechnet in den Vergleich ist der Umstand, daß die Wäsche bei Behandlung mit der Maschine viel mehr geschont wird als bei der Hauswäscherei. Dieser Vorteil steht unumstößlich fest. Bei der Behandlung mit der Maschine gibt es keine abgerissenen Litzen, keine zerbrochenen Knöpfe, keine ausgeweiteten Löcher oder aufgerissene schwache Stellen. Zudem ist die Wäsche viel besser von Kalkseife und sonstigen schädlichen Rückständen befreit wie bei der Handwäsche.

Man kann ruhig rechnen, daß mit der Maschine gereinigte Wäsche 50% länger hält als mit der Hand gewaschene. Der Neuwert von 50 kg Wäsche möge 600 RM. betragen. Der Vergleich Zahlentafel 17 ergibt dann eine weitere Ersparnis von 65 RM., so daß die gesamte jährliche Ersparnis bei Verwendung der Maschine 115 RM. beträgt, oder für die Lebensdauer der Maschine von 15 Jahren mit 7% Zins und Zinseszins gerechnet 2850 RM. Diese Ersparnis ist tatsächlich vorhanden, da in dem Vergleich alle in Betracht kommenden Unkosten ausreichend berücksichtigt sind.

Zahlentafel 17.

Jahresaufwand für Wäsche bei Behandlung von Hand und mit der Maschine.

Nr.	Vortrag	Maschinen-wäsche	Hand-wäsche
1	Anschaffungswert der Wäsche . . . . RM.	600	600
2	Lebensdauer. . . . . Jahr	9	6
3	Zinsentgang jährlich . . . . RM.	42,00	42,00
4	Erneuerungsrücklage jährlich . . . . RM.	55,00	90,00
5	Ausbesserung . . . . RM.	10,00	40,00
7	Gesamtkosten . . . RM.	107,00	172,00
6	Jährliche Ersparnis bei Verwendung der Maschine RM.	65,00	

B. Einrichtungen zum Bügeln der Wäsche.

a) Das Bügeleisen.

Das elektrische Bügeleisen hat sich fast restlos durchgesetzt. Trotz etwas erhöhter Anschaffungs- und Betriebskosten gegenüber dem Gaseisen beherrscht es seiner erheblichen Vorzüge wegen — stete Betriebsbereitschaft und Geruchlosigkeit — das Feld vollkommen. Die Stromaufnahme beträgt bei dem gewöhnlichen Haushaltbügeleisen 400—500 W.

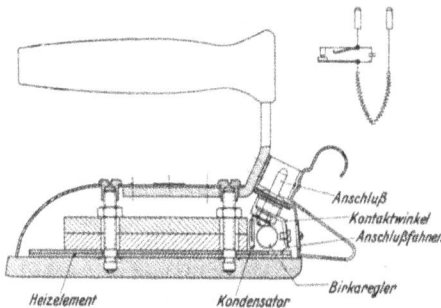

Abb. 99. Hochleistungsbügeleisen der Siemens-Schuckertwerke mit Birkaregler (Schnitt). Leistungsaufnahme 600 W.

Die Bügeleisen der vergangenen Jahre litten noch etwas unter der zu langen Anheizzeit und der zu starken Abkühlung bei dauernder Bearbeitung großer Flächen in feuchtem Zustand. Genaue Erforschung der Arbeitsbedingungen haben aber in den letzten Jahren eine wesentliche Besserung gebracht.

Die Anheizzeit eines 3,5 kg schweren Bügeleisens von 450 W Stromaufnahme beträgt heute nur mehr 5 Minuten, der Wirkungsgrad 45%. Erreicht wurde dies durch Verbesserung der Wärmeführung. Die Dicke der Sohle ist auf ein Mindestmaß beschränkt und der Heizkörper nach oben durch Isoliermittel und unterteilte Luftschichten gegen Wärmeverlust gut abgedichtet, so daß der Hauptteil der Wärme an die Sohle abgegeben wird.

Zur weiteren Abkürzung der Anheizzeit und zur Vermeidung des Zeitverlustes, der durch unzulässige Abkühlung beim Bügeln großer feuchter Stücke entsteht, kann man die Stromaufnahme erhöhen, läuft dabei aber Gefahr, daß bei der geringsten Unaufmerksamkeit Wäschestücke versengt werden. Um dies hintanzuhalten, baut man selbsttätige Regler ein, welche die Temperatur des Eisens auf einem bestimmten Wert halten. Abb. 99 zeigt ein solches Bügeleisen mit selbsttätigem Regler im Schnitt. Derartige Bügeleisen besitzen eine Stromaufnahme von 600—700 W. Infolge der selbsttätigen Abschaltung und der erzielten Zeitersparnis beim Bügeln ist der Stromverbrauch eines derartigen Eisens kaum höher als der eines gewöhnlichen Eisens von 400—500 W Stromaufnahme.

Obwohl die Überlegenheit des elektrischen Bügeleisens feststeht, sei im folgenden ein Vergleich zwischen den heute vorhandenen Bügeleisenarten gegeben:

Zahlentafel 18.

Vergleich der Jahreskosten bei verschiedenen Bügeleisen unter Berücksichtigung der Kosten für Bedienung.

Nr.	Vortrag		Holz-kohlen-eisen	Gas-eisen	Gewöhnl. elektr. Eisen 450 W	Hoch-leistungs-eisen 600 W
1	Anschaffungspreis	RM.	3,50	5,00	8,00	18,00
2	Zinsentgang bei 7%	RM.	0,25	0,35	0,56	1,25
3	Erneuerungsrücklage bei 10 Jahren Lebensdauer	RM.	0,25	0,35	0,17	1,30
4	Unterhalt	RM.	—	—	0,50	1,00
5	Brennstoff- bzw. Strompreis . . .	RM.	14 je 50 kg	0,15 je m³	0,18 je kWh	0,18 je kWh
6	Brennstoff- bzw. Stromkosten je Brennstunde	RM.	0,05	0,025	0,08	0,11
7	Zur Erzielung von 1 Bügelstunde sind erforderlich Brennstunden . . .		2,0	1,1	1,2	1,0
8	Brennstoff- bzw. Stromkosten für 1 Bügelstunde	RM.	0,10	0,028	0,095	0,108
9	Bedienungskosten bei 0,50 Pf. je Std.	RM.	1,00	0,55	0,60	0,50
10	Brennstoff- bzw. Stromkosten und Bedienungskosten im Jahr bei 200 Stunden Benutzungsdauer .	RM.	220,00	116,00	140,00	121,60
11	Gesamtjahreskosten	RM.	220,50	116,70	141,63	125,82

Unter Berücksichtigung der Bedienungskosten ist das Gasbügeleisen das billigste, die Ersparnis gegenüber dem elektrischen Hochleistungseisen ist jedoch unerheblich.

b) Die Bügelmaschine.

In den Großwäschereien wird sie seit langem verwendet, beginnt aber in der letzten Zeit auch Eingang im Haushalt zu finden.

Die Ausführung der einzelnen Bügelmaschinen ist ziemlich gleich. Abb. 100 zeigt eine amerikanische Maschine, auf Abb. 75 ist die Protosbügelmaschine zu sehen.

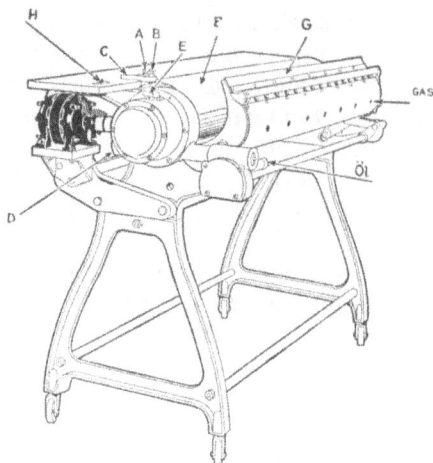

Abb. 100. Ansicht der Bügelmaschine Thor.
A, B Stellschraube, C, E Einstellhebel, D Handgriff, F Walze, G Eisenschuh, H Schalter.

Die Wirtschaftlichkeit der Bügelmaschine hängt von der Menge der jährlich zu bearbeitenden Wäschemenge ab. Für 50 kg Monatswäsche dürfen jährlich 40 Stunden in Ansatz gebracht werden. Der Zeitbedarf ist von der Geschicklichkeit der bedienenden Person abhängig.

Die Zahlentafel 19 gibt einen ungefähren Vergleich zwischen dem elektrischen Hochleistungsbügeleisen, einer mit Gas beheizten und einer elektrisch beheizten Bügelmaschine:

Zahlentafel 19.

Wirtschaftlicher Vergleich des Hochleistungsbügeleisens mit der Bügelmaschine.

Nr.	Vortrag	Elektr. Hoch-leistungs-eisen	Bügelmaschine mit	
			Gas beheizt	el. Strom beheizt
1	Anschaffungskosten . . . . RM.	18,00	550,00	550,00
2	Zinsentgang bei 7% Verzinsung	1,25	38,50	38,50
3	Lebensdauer	10	15	15
4	Erneuerungsrücklage	1,30	22,00	22,00
5	Unterhalt	1,00	20,00	20,00
6	Benutzungsdauer . . . . Std.	200	40	40
7	Stromaufnahme . . . . W	600	200	2700
8	Gasaufnahme . . . . m³	—	1	—
9	Stromverbrauch jährlich . . . . kW	120	8	108
10	Gasverbrauch » . . . . kW	—	40	—
11	Stromkosten » . . . . RM.	21,60	1,50	19,50
12	Gaskosten » . . . . RM.	—	6,00	—
13	Bedienungskosten bei 0,50 RM. Stundenwert . . . . RM.	100,00	20,00	20,00
14	Gesamtjahreskosten . . RM.	125,15	108,00	120,00

Unter Einrechnung der Zeit für die Bedienung ergibt sich bei 50 kg Monatswäsche bereits eine Wirtschaftlichkeit sowohl für die mit Gas als auch für die elektrisch geheizte Maschine.

V. Die sonstigen technischen Einrichtungen des Haushaltes.

A. Die Raumheizung.

Die Raumheizung bildet ein eigenes Arbeitsgebiet und zwar ein recht umfangreiches. Es kann daher nicht Zweck des vorliegenden Buches sein, dieses Gebiet erschöpfend zu behandeln.

Die nachfolgenden Erörterungen beschränken sich darauf, einen Vergleich zwischen den Hauptvertretern der heute vorhandenen Raumheizungsarten zu ziehen, soweit dies auf Grund feststehender Tatsachen und zuverlässiger Versuchsergebnisse möglich ist. Zu einem derartigen Vergleich reizt hauptsächlich das Emporkommen der Gas- und der elektrischen Heizung.

Zwei große Gruppen sind dabei zu unterscheiden:

a) die Einzelheizung der Räume,
b) die Sammelheizung oder Zentralheizung genannt.

a) Die Einzelheizung.

Es stehen uns heute zur Verfügung:

der Ofen für feste Brennstoffe,
der Gasofen,
der elektrische Ofen.

Bei dieser Aufstellung fehlt der Ofen für flüssige Brennstoffe. In Amerika sind derartige Öfen in Verwendung[1]). Da jedoch ausreichende Unterlagen für eine einwandfreie Beurteilung dieser Heizart fehlen und auch die wirtschaftlichen Voraussetzungen für ihre Verwendung — billiger Ölpreis — nicht in dem Maß gegeben sind wie in Amerika, so sind sie hier außer acht gelassen.

α) Der Ofen für feste Brennstoffe.

Der Ofen für feste Brennstoffe, bis vor kurzer Zeit der einzige Vertreter der Einzelheizung, sieht sich heute in lebhaftem Wettbewerb mit dem Gasofen und in einigen Ländern auch mit dem elektrischen Ofen.

Bezüglich der Wirtschaftlichkeit befindet sich der Kachelofen in einer wesentlich günstigeren Lage als sein Bruder, der Küchenherd.

---

[1]) Siehe Irene Witte, Heim und Technik in Amerika.

Während es beim Küchenherd kaum möglich ist, den Wirkungsgrad über 20% zu steigern, erreicht man bei einem Raumheizofen 75 und sogar 80%. Aus der folgenden Zusammenstellung ist die Wärmeausnützung verschiedener Brennstoffe im Raumheizofen ersichtlich.

Zahlentafel 20.

Ausnutzung der Brennstoffe im Heizofen.

Brennstoff	1 kg		Im Heizofen werden ausgenützt		Preis von 1000 WE
	Heiz-wert	Preis Pf.	%	WE	Pf.
Holz	3 500	6,6	30	1 050	6,3
Torf	4 000	3,2	30	1 200	2,66
Braunkohlenbriketts	4 500	3,9	40—50	2 025	2,0
Eiformbriketts	7 000	4,5	40—50	2 150	1,44
Anthrazit	8 000	8,4	40—50	3 600	2,26
Steinkohle	7 000	5,0	40—50	3 150	1,55
Gaskoks	6 000	4,0	40—50	2 850	1,46
Grudekoks	5 800	4,5	16	2 755	1,44
Benzin	10 600	50	85	9 000	5,6
Mischgas (1 m³)	3 700	15	85	3 150	4,75
Elektrischer Strom (Nachtstrom) 1 kWh	860	6	100	860	7,0

Wenn trotzdem der Gasofen und sogar der elektrische Ofen auch in Deutschland an Boden gewinnt, so hat das seine Ursache in den bekannten wertvollen Eigenschaften dieser Öfen: Wegfall aller Belästigung durch Rauch, Ruß und Schmutz, stete Betriebsbereitschaft und Wegfall fast aller Bedienung.

Mit Ausnahme der Bedienung sind diese Vorteile rechnerisch nicht zu erfassen, sie sind ideeller Natur. Es läßt sich nur ermitteln, was sie dem Besitzer kosten und dieser hat dann zu entscheiden, ob ihm die Vorteile den hierfür anfallenden Kostenaufwand wert sind oder nicht.

Die Beschaffenheit der Kachelöfen hat sich besonders durch den Wettbewerb mit der Sammelheizung in der letzten Zeit sehr gehoben. Unter den Öfen für feste Brennstoffe besteht wieder ein Wettbewerb zwischen dem eisernen und dem Kachelofen. Eine

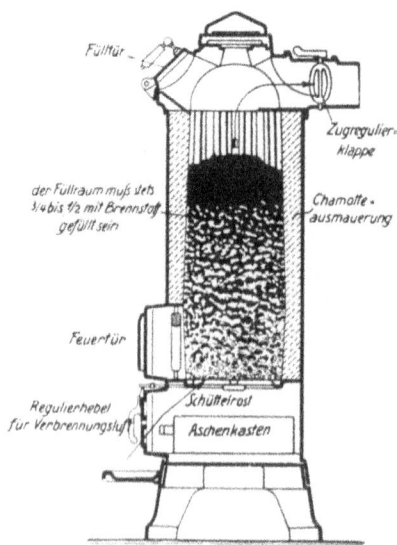

Abb. 101. Schnitt durch einen Ofen für unterbrochene Heizung (irischer Ofen) (Vedeo-Cassel).

Entscheidung zwischen beiden zu treffen, ist recht schwierig. Jeder hat seine Vor- und Nachteile.

Beim eisernen Ofen sind als Vorzug zu buchen: Ständige Betriebsbereitschaft, rasche Inbetriebsetzung, leichte Anpassung an den Schwankungen der Außentemperatur, gute Erwämung der unteren Luftschichten, rascher Aufbau, geringer Platzbedarf und niedriger Preis; beim Kachelofen geringe Oberflächentemperatur, Wegfall lästiger Strahlung und Fähigkeit, Wärme für längere Zeit aufzuspeichern.

Abb. 101 zeigt den Schnitt durch einen ganz neuzeitlich gebauten eisernen Ofen für unterbrochene Heizung (Irischer Ofen), Abb. 102 einen solchen für Dauerbrandheizung (Amerikanerofen). Der Wirkungsgrad dieser Öfen ist recht hoch, bis 80%, hängt aber naturgemäß von der mehr oder weniger sachgemäßen Bedienung ab.

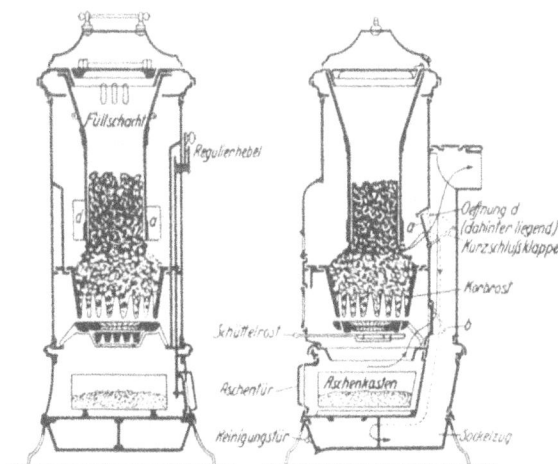

Abb. 102. Schnitt durch einen Ofen für Dauerbrandheizung (Amerikanerofen).
(Vereinigung deutscher Eisenofenfabrikanten (Vedeo) Cassel).

Die Hauptmerkmale der abgebildeten Öfen sind:

Tadellose Abdichtung aller Türen und sonstigen Fugen zur Vermeidung des Eindringens falscher Luft, richtige Größe und Anordnung der Rostfläche und des Feuerraumes im Verhältnis zu der verbrannten Brennstoffmenge, wärmetechnisch beste Ausbildung der Heizgasführung und andere mehr.

Auf Abb. 103 ist ein nach den neuesten Grundsätzen gebauter Kachelofen (Münchener Sparofen) dargestellt, der im Wirkungsgrad den vorerwähnten eisernen Öfen nicht nachsteht.

Seine Hauptmerkmale sind:

    a) die niedere breite Form, durch welche eine günstige Wärmeverteilung auf der Heizfläche wie auch in den Raum erzielt wird;

b) der hohe Feuerraum mit Oberluftzufuhr, der eine wirtschaftliche Verbrennung des Brennstoffes und eine hohe Wärmeabstrahlung der Flammen an die Heizwand sichert;

c) die Führung der Heizgase zum Boden des Ofens, um insbesondere die unteren Teile des Ofens stark zu erwärmen;

d) die Anpassung der Zugsquerschnitte an die entstehende Heiz-
gasmenge, um den Gasen möglichst viel von ihrer Wärme
zu nehmen und sie dem Raum zuzuführen;

e) die zwangsläufige Lüftung, welche die Zimmerluft am heißen
Ofenboden vorbeistreichen, an der Rückwand des Ofens
wärmeaufnehmend hochsteigen und durch die sog. Durchsicht
in das Zimmer austreten läßt. Durch diese Einrichtung wird
eine Erhöhung der
Wärmeabgabe der Heiz-
flächen des Ofens, eine
starke Luftumwälzung
im Raum und damit
eine günstige Tempera-
turverteilung erreicht.

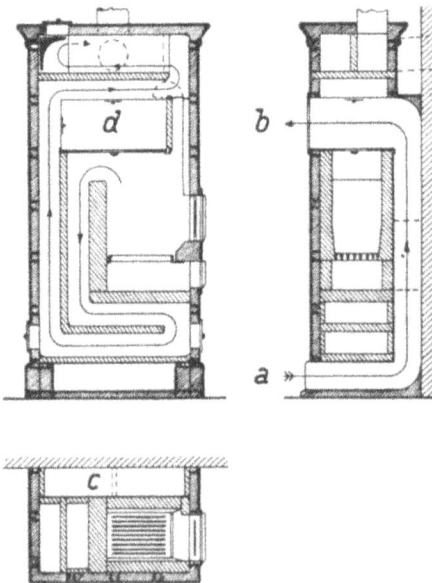

Abb. 103. Schnitt durch einen Kachelofen (Münchener Sparofen der heiztechnischen Landeskommission). *a* Luftein-
tritt, *b* Luftaustritt, *c* Luftführung,
d Durchsicht.

Abb. 104. Zentrale Warmwasserheizung
von einem Kachelofen aus (Jos. Mitter-
mayr München).

Kachelöfen werden heute auch für Beheizung mit Gas und elektr. Strom gebaut. Beachtenswert sind die Bestrebungen, den Einzelofen zur Beheizung mehrerer Räume zu verwenden. Es kann dies geschehen durch unmittelbare oder mittelbare Beheizung. Bei unmittelbarer Beheizung wird der Ofen in die aneinanderstoßenden Ecken der verschiedenen Räume eingebaut. Diese Anordnung ist jedoch wärmetechnisch nicht sehr günstig. Die sämtlichen Heizstellen liegen recht versteckt in der Ecke und können ihre Wärme nicht ungehindert in den Raum abgeben.

Besser ist die mittelbare Beheizung mit Warmwasser. Eine solche Ausführung zeigt Abb. 104. Die Heizkörper können hierbei an günstiger Stelle frei aufgestellt werden.

β) Der Gasofen.

Die Raumheizung mit Gas tritt in England schon seit mehreren Jahren als ernster Konkurrent der Kohlenheizung auf. Allerdings liegen die Verhältnisse in England für die Gasheizung günstiger. Die in England ausschließlich verwendeten offenen Kohlenkamine besitzen einen schlechten Wirkungsgrad; auch ist der Gaspreis niedriger als in Deutschland. 1 m³ kostet im Durchschnitt 10 bis 14 Pf.

Trotzdem beginnt die Raumheizung mit Gas sich auch bei uns einzuführen und es sind in den letzten Jahren Heizkörperbauarten entwickelt, die in technischer Hinsicht den Bedürfnissen vollauf entsprechen und einen sehr hohen Wirkungsgrad besitzen.

Abb. 105 zeigt den „Gasiator" der Firma Junkers in Dessau. Eine

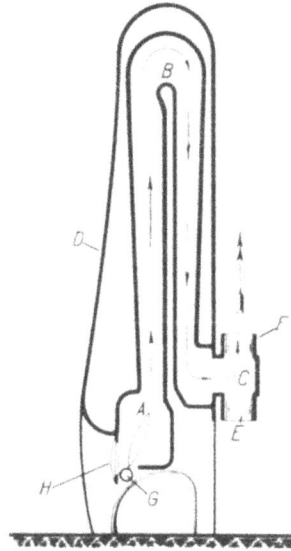

A Verbrennungskammer	E Zugunterbrechung
B Heizrohr	F Abgasstutzen
C Abgassammelkasten	G Brenner
D wärmeabgebender Mantel	H Fensterplatte

⟹ Heizgasstrom   ⟹ Abgase

Abb. 105. Gasofen „Gasiator" der Junkerswerke Dessau.

Besonderheit dieses Gasheizkörpers bildet der doppelte Mantel. Die Wärme wird nicht unmittelbar von der Heizkammer abgegeben, in der sich die Brenner befinden, sondern von einem zweiten Mantel, der durch eine Luftschicht von dem ersten getrennt ist. Hierdurch wird erreicht, daß die Oberflächentemperatur in der Nähe der Brenner nicht unzulässig hoch wird.

Nach englischem Vorbild werden auch Strahlungsöfen für Gasheizung gebaut. Als deren besonderer Vorzug wird wie beim offenen Kohlenkamin die günstige gesundheitliche Wirkung der von der Flamme ausgesonderten Strahlen und die angenehme Wirkung der strahlenden Wärme überhaupt bezeichnet. Aus der Kurve auf Abb. 106 ist der hohe Anteil der Glühofenflamme an chemisch wirksamen Strahlen ersichtlich.

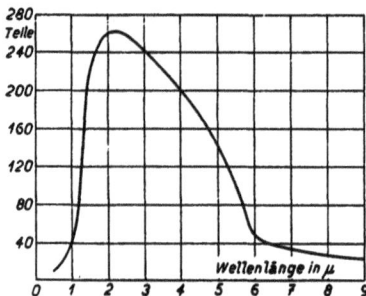

Abb. 106. Spektrum der Flamme eines Gasheizofens mit Glühkörpern.

Diesen Vorzügen der strahlenden Wärme, die hauptsächlich in einer besseren Erwärmung der am Fußboden liegenden Luftschichten besteht, steht jedoch der Nachteil gegenüber, daß die unbestrahlte Körperseite sich in kälteren Luftzonen befindet, woraus sich leicht Erkältungskrankheiten entwickeln können. Auch dürfte die Gefahr der Gasausströmung in den Raum bei unbeabsichtigtem Austritt unverbrannten Gases aus den Brennern größer sein als beim geschlossenen Gliederheizkörper. In Wohnräumen spielt dieser Umstand keine besondere Rolle, wohl aber in Schlafräumen.

Beim geschlossenen Gliederheizkörper kann die Gefahr einer Vergiftung durch unverbrannt ausströmendes Gas oder durch Austritt der Verbrennungsprodukte in den Raum dadurch auf ein Mindestmaß beschränkt werden, daß man die Verbrennungsluft nicht dem Raum selbst, sondern von außen entnimmt. Der Verbrennungsraum des Ofens wird in diesem Fall durch ein Rohr mit der Außenluft verbunden.

Der Wirkungsgrad wird durch diese Maßnahme zwar etwas herabgesetzt, da die Außenluft stets kühler ist als die Luft im geheizten Raum, dafür hat man aber den Vorzug einer gefahr- und geruchlosen Heizung. Auch entfällt jede Belästigung durch die Verpuffung des Knallgasgemisches, das bei unsachgemäßem Anzünden des Ofens manchmal entsteht. Vom Anschluß des Ofens an die Außenluft wird man in erster Linie bei Schlafzimmern Gebrauch machen. Hier spielt der etwas kleinere Wirkungsgrad keine besondere Rolle wegen der verhältnismäßig geringen Benutzung. Heizung in Schlafräumen ist nach Ansicht der Ärzte ungesund. Nur in Erkrankungsfällen und bei sehr kalter Witterung wird sie demnach in Frage kommen.

Beim Gas- und beim elektrischen Ofen hat man die Möglichkeit, die Temperatur des Raumes durch einen selbsttätigen Regler auf bestimmter Höhe zu halten. Dadurch kann viel Gas bzw. Strom gespart werden. Abb. 107 zeigt einen derartigen Regler der Junkerswerke Dessau. Seine Hauptteile sind der Wärmekühler und das Abschlußorgan.

Die Wirkungsweise ist folgende: Der in der Reglerflasche a untergebrachte Wärmefühler b verändert seine Länge je nach der Temperatur des Raumes, in welchem er sich befindet. Diese Längenänderungen wirken auf die Anstellklappe c, die sich im Reglergehäuse d befindet und je nach ihrer Stellung die Gaszufuhr zum Heizofen vermindert oder vermehrt. Die Feststellung auf eine bestimmte Temperatur geschieht durch den Stift h.

γ) Der elektrische Ofen.

Die elektrische Raumheizung kommt in Deutschland nur für besondere Fälle in Frage. Der geringe Wärmeinhalt des elektrischen Stromes tritt hier besonders nachteilig in die Erscheinung. Bezüglich des Ausgleichs durch den höheren Wirkungsgrad des elektrischen Ofens gilt hier dasselbe wie beim Gasofen.

Die bekannteste Bauart des elektrischen Ofens ist der Strahlungsofen. Er kommt nur als Hilfsheizung in Frage.

Abb. 107. Temperaturregler für Gasheizöfen.

Abb. 108. Heizkörperanordnung bei einem elektrischen Speicherofen der Siemens-Schuckertwerke.

Zur Überwindung der Strompreisschwierigkeiten sind Öfen mit Wärmespeicherung gebaut worden. Sie werden während der Nacht hochgeheizt und geben dann tagsüber ihre Wärme ab. Als Speichermaterial kommt in Frage Sand und Backsteine. Der innere Aufbau eines solchen Ofens ist höchst einfach (Abb. 108). Der Ofen ist von Heizlamellen durchzogen, die ihre Wärme an den Sand abgeben. Als Heizkörper dient auch hier ein in Glimmer eingebettetes Chromnickelstahlband.

Das Äußere eines solchen Ofens kann beliebig gestaltet werden. In seiner einfachsten Form bildet er einen Zylinder ähnlich einem eisernen

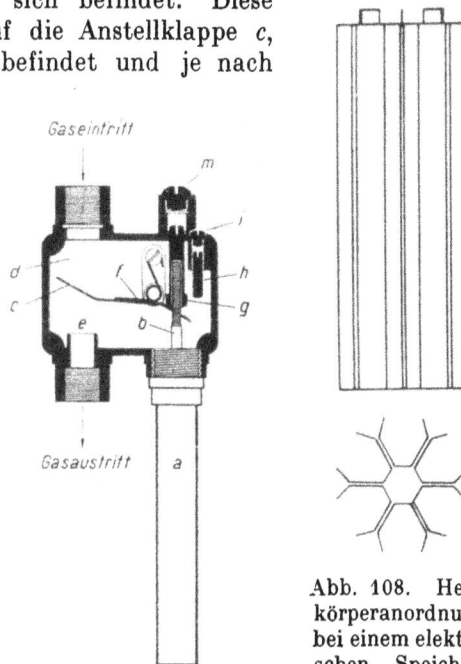

Ofen. Weniger Raum nimmt die rechteckige Form ein (Abb. 109). Häufig gibt man dem elektrischen Ofen das Aussehen eines Kachelofens. Es tritt hier eine zu allen Zeiten und überall beobachtete Erscheinung zutage, daß man beim Auftreten einer neuen Einrichtung immer glaubt, ihr das äußere Ansehen der althergebrachten geben zu müssen. Es ist merkwürdig, wie lange es dauert, bis sich der Geschmack von der gewohnten Form loslöst und die Zweckform des neuen gnädig aufnimmt.

δ) Wirtschaftlicher Vergleich der Kohlen-, Gas- und elektrischen Raumheizung mit Einzelöfen.

Was den Wohnungsinhaber an der Heizung besonders interessiert, sind die Betriebskosten, da er für diese aufzukommen hat.

Einen allgemein gültigen Vergleich zwischen den drei Heizungsarten zu ziehen, ist nicht einfach. Einmal sind die örtlichen Verhältnisse recht verschieden, außerdem sind auch die heiztechnischen Grundlagen nicht gleich. Versuchsergebnisse liegen nur wenig vor.

Der Kohlenofen ist an den Kamin gebunden. Bezüglich seiner Aufstellung hat man demnach nicht freie Hand. Der Gas- und der elektrische Ofen können freizügig, also auch unter dem Fenster aufgestellt werden. Wärmetechnisch ist diese Art der Aufstellung ungünstig.

Abb. 109. Ansicht eines elektrischen Speicherofens der Siemens-Schuckertwerke. Stromaufnahme 3 kW.

Ein unter dem Fenster aufgestellter Ofen muß 15—20% mehr Wärme erzeugen als ein an der Zimmerrückwand befindlicher. Anderseits gewährt die Stellung des Heizkörpers am Fenster größeren Schutz vor Zug, weil die eindringenden kalten Luftschichten sofort am Heizkörper erwärmt werden. Bei der Aufstellung des Ofens an der Rückwand müssen sie erst den Weg durch das ganze Zimmer zurücklegen, bis sie erwärmt werden. Auch der Wärmebedarf der drei Beheizungsarten ist verschieden, besonders bei zeitweiser Heizung.

Die Gründe liegen in folgendem:

1. Die Wärmeerzeugung kann bei der Gas- und elektrischen Heizung dem augenblicklichen Bedürfnis schneller und besser angepaßt werden wie bei der Kohlenheizung. Beim Kohlenofen vergeht nach

Abstellung bzw. Einschränkung der Verbrennung immer eine gewisse Zeit, bis die Wärmeerzeugung und damit der Kohlenverbrauch aufhört. Beim Gas- und dem elektrischen Ofen ist der Heizmittelverbrauch mit dem Abschließen des Gashahnes oder Öffnen des elektrischen Schalters zu Ende. Beim Gasofen auch die Wärmeerzeugung. Beim elektrischen Ofen ebenfalls, sofern er für Dauerheizung gebaut ist. Mit dem Kohlenofen kann aber nur der nachts aufgeheizte Speicherofen in Wettbewerb treten, und bei diesem hört die Wärmeerzeugung nicht ohne weiteres mit der Stromzufuhr auf.

Auch die Regelung der Wärmeerzeugung ist bei der Gas- und bei der elektrischen Heizung feinfühliger einstellbar. Gegebenenfalls kann sie durch Temperaturregler vollkommen selbsttätig erfolgen. Das ist ein großer Vorzug besonders bei der Dauerheizung. Man weiß in den seltensten Fällen am Abend vorher genau, welcher Wärmebedarf die Nacht über auftritt. Besonders in der Übergangszeit liegt beim Kohlenofen die Gefahr der Überheizung vor, die am nächsten Morgen nur durch Öffnen der Fenster ausgeglichen werden kann. Von dieser Art des Ausgleichs wird erfahrungsgemäß bei der zeitweisen Heizung mit Vorliebe Gebrauch gemacht. Die Wärmeerzeugung wird meistens erst beendet bzw. eingeschränkt, wenn die Überheizung sich bereits merklich fühlbar macht. Bei der Gas- und elektrischen Heizung ohne selbsttätige Temperaturregelung tritt in diesem Fall wenigstens sofort Beendigung des Heizmittelverbrauchs ein, der Kohlenofen glüht aber zunächst noch lustig weiter. Bei selbsttätiger Temperaturregelung kann Überheizung nicht vorkommen.

2. Bei der zeitweisen Heizung kommt der Umstand hinzu, daß der Wärmeverbrauch abhängig ist von der Anheizdauer. Je schneller die in einem Raum befindliche Luft hochgeheizt wird, um so geringer ist der gesamte Wärmeverbrauch. Die Ursache liegt in dem Wärmeaufnahmevermögen und in der Wärmedurchlässigkeit des Mauerwerks.

3. Auch bei sorgfältigster Bedienung wird es sich nicht vermeiden lassen, daß manchmal übelriechende Gase durch den Kohlenofen ins Zimmer kommen und durch Öffnen der Fenster entfernt werden müssen. Mit Verlusten dieser Art muß besonders bei der zeitweisen Heizung gerechnet werden.

Bei einem wirtschaftlichen Vergleich der drei Heizungsarten können die erwähnten Umstände durch entsprechende Bemessung des Wirkungsgrades berücksichtigt werden.

Der Wirkungsgrad eines guten Kohlenofens kann auch den zahlreichen Versuchen der Vereinigung Deutscher Eisenöfen-Fabrikanten mit 75% angenommen werden. Auch der Kachelofen hat bei entsprechend sorgfältiger Ausführung derartige Werte aufzuweisen.

Diese günstigen Wirkungsgrade können aber dem Vergleich nicht zugrunde gelegt werden, weil aus den vorerwähnten Gründen ein Teil der erzeugten Wärme verlorengeht. Bei Dauerheizung wird man nur mit 50% rechnen können. Bei der zeitweisen Heizung dürften 40% angemessen sein auch mit Rücksicht auf den Umstand, daß die gute Verbrennung erst einige Zeit nach dem Anheizen auftritt.

Ebenso wird man bei der elektrischen Heizung von dem hundertprozentigen Wirkungsgrad einen kleinen Abstrich machen müssen.

Beim Gasofen mit selbsttätiger Temperaturregelung kann man jedoch den Höchstwirkungsgrad, das ist 85%, einsetzen. Bei Dauerheizung gestaltet sich der Vergleich wie auf Zahlentafel 21 angegeben.

Es ist angenommen, daß ein geschützt liegendes Zimmer von 60 m³ Inhalt 200 Tage im Jahr ununterbrochen auf einer Temperatur von 18° C gehalten wird. Der stündliche Wärmebedarf beträgt in diesem Fall unter der Annahme einer mittleren Außentemperatur während der Heizperiode von 0° C etwa 2400 WE in der Stunde. Das ergibt für die ganze Heizperiode $11,5 \cdot 10^6$ WE. Als Brennstoff für den Kohlenofen ist Anthrazit angenommen.

Aus dem Vergleich geht hervor, daß die Gasdauerheizung etwa 50%, die elektrische Heizung 200% teurer ist als die Kohlenheizung. Bemerkenswert ist der geringe Anteil des Kapitaldienstes für den Kohlenofen. Es geht daraus hervor, welcher Unsinn es ist, einen billigen Ofen zu kaufen, wenn die Ersparnis beim Einkauf auf Kosten des Wirkungsgrades geht. Bei einem billigen Ofen können die jährlichen Mehrkosten durch die erhöhten Beträge für Erneuerungsrücklage, Unterhalt und Brennstoffkosten die Ersparnis an Zinsen derart übersteigen, daß die Gesamtbetriebskosten bei dem billigen Ofen um 50—70% höher werden als bei dem teueren. Der Unterschied ist um so größer, je länger der Ofen in Betrieb ist.

Für die zeitweise Heizung gestaltet sich der Vergleich für den Gasofen etwas günstiger.

Die elektrische Heizung ist hier außer acht gelassen, da bei zeitweiser Heizung Tagesstrom verwendet werden muß, der so hoch im Preis steht, daß dessen Verwendung für elektrische Heizung nur in Ausnahmefällen in Frage kommt.

Dem Vergleich ist wieder derselbe Raum von 60 m³ Inhalt zugrunde gelegt. Während der Heizperiode von 200 Tagen sollen die Öfen durchschnittlich 3½ Stunden täglich mit ihrer vollen Leistung im Betrieb sein. Der Jahreswärmeverbrauch beträgt dann etwa $3 \cdot 10^6$ WE.

Die Anlagekosten für die Öfen steigen, da sie etwa für die doppelte Heizleistung bemessen sein müssen wie bei Dauerheizung (4800 WE stündlich gegen 2400 WE bei der Dauerheizung). Als Brennstoff für den Kohlenofen ist schlesische Kohle angenommen.

Zahlentafel 21.

Vergleich des Kohlen-, Gas- und elektrischen Ofens bei Dauerheizung und bei zeitweiser Heizung. Rauminhalt des beheizten Zimmers 60 m³. Heizdauer 200 Tage.

Nr.	Vortrag	Dauerheizung mit			Zeitweise Heizung mit	
		Kohlenofen (Amerikanerofen)	Gasofen	elektr. Ofen (Speicherofen)	Kohlenofen (irischer Ofen)	Gasofen
1	Anschaffungspreis des Ofens . . . RM.	110	180	250	80	240
2	Zinsentgang bei 7% RM.	7,70	12,60	17,50	5,60	18,80
3	Lebensdauer . . . Jahr	15	15	15	15	15
4	Erneuerungsrücklage . . . . . RM.	4,40	7,20	10	3,20	9,60
5	Wirkungsgrad . . %	50	85	98	40	85
6	Brennstoffpreis . RM.	8 M./100 kg	12 Pf./m³	6 Pf./kWh	5 M./100 kg	12 Pf./m³
7	Gesamtwärmebedarf während der Heizzeit . . . . WE	$11 \cdot 5 \cdot 10^6$	$11 \cdot 5 \cdot 10^6$	$11 \cdot 5 \cdot 10^6$	$3 \cdot 10^6$	$3 \cdot 10^6$
8	Wärmeinhalt des Brennstoffs . . WE	8000	3700	860	7000	3700
9	Brennstoffverbrauch in 200 Heiztagen . . .	2875 kg	3680 m³	13700 kWh	1200 kg	960 m³
10	Brennstoffkosten . RM.	230	442	820	60,00	115,00
11	Unterhalt . . . . RM.	4,50	9	12	5,00	12,00
12	Bedienungszeit . . Std.	75	—	—	100	—
13	Bedienungskosten bei 0,50 RM. Stundenwert . . . . RM.	37,50	—	—	50	—
14	Anteilige Miete für Gas- und Strommesser . . . . RM.	—	18	18	—	18
15	Gesamtkosten im Jahr . . . . . RM.	284,20	488,80	877,50	123,80	173,40
	Das ist mehr gegen den Kohlenofen . %	—	75	200	—	40

In diesem Fall kostet die Gasheizung etwa 40% mehr als die Kohlenheizung.

b) Sammelheizung.

Die am meisten gebräuchliche Heizungsart für kleinere Wohngebäude ist die Warmwasserheizung. Es würde zu weit führen, die technischen Grundlagen dieser Heizungsarten hier eingehend zu behandeln. Die Vorteile der Gemeinschaftsheizung sind bekannt. Keine Bedienung, Freizügigkeit in der Anordnung der Heizkörper, geringe Oberflächentemperatur.

Der Nachteil der Gemeinschaftsheizung liegt in ihrem schlechten Wirkungsgrad, besonders während der Übergangszeit. In den Vor- und Rücklaufleitungen geht ziemlich viel Wärme verloren, d. h. es wird Wärme an Stellen abgegeben, wo keine erforderlich ist. Die Einfachheit der Anlage und der Bedienung reizt zu einer gewissen Verschwendung an Wärme, die ihrerseits wieder zunehmende Verweichlichung in bezug auf das Wärmebedürfnis mit sich bringt. Die Regelung der Temperatur erfolgt meist durch Öffnen der Fenster bei geöffnetem Heizkörper usw.

Dem Zug der Zeit folgend, hat man neuerdings versucht, die Sammelheizung mit Gas zu betreiben und hat den Kokskessel ersetzt durch den gasbeheizten Kessel. Nun fragt es sich sehr, ob man hier auf dem richtigen Weg ist. Die Gemeinschaftsheizung ist entstanden aus dem Bestreben, die Wohnräume von dem Schmutz und dem Ruß, den die Kohlenheizung mit sich bringt, zu befreien und die Hausfrau von der Bedienung dieser Öfen zu entlasten.

Bei der Gasheizung fällt beides weg. Schmutz und Ruß gibt es nicht, die Bedienung ist verschwindend gering. Damit entfallen die Hauptgründe, welche zur Einführung der Sammelheizung in Wohnhäuser geführt haben. In den meisten Fällen ist es daher besser, zum mindesten aber wirtschaftlicher bei Verwendung von Gas zur Einzelraumheizung überzugehen.

Die Feststellung der Grenzbedingungen für die Wirtschaftlichkeit der Einzelraumheizung mit Gas gegen die Gemeinschaftsheizung mit Koks liegen heute noch nicht genügend fest. Die Firma Junkers & Co. in Dessau hat diesbezügliche Versuche angestellt. Bei diesen hat sich ergeben, daß der Wärmeaufwand für die Gaseinzelheizung nur $\frac{1}{3}$ bis $\frac{1}{10}$ des Aufwandes bei der Sammelheizung mit Koks beträgt. Berücksichtigt man noch die Kosten für Bedienung, die Anlagekosten und die Kosten für Brennstofflagerung, so ist die Wirtschaftlichkeit der Gaseinzelheizung in vielen Fällen gegeben. Auf Grund der von Junkers bei einem größeren Einfamilienhaus mit 10 Räumen ermittelten Versuchswerte ergibt sich unter Zugrundelegung eines Gaspreises von 10 Pf./m³ eine Ersparnis von 20% bei Einbau der Gaseinzelheizung an Stelle der Sammelheizung mit Koks.

Dieser Vergleich gilt natürlich nur für den zugrundegelegten Einzelfall, er zeigt aber doch, daß bei Einräumung eines verminderten Gaspreises für Heizung die Verwendung von Gas für diesen Zweck auch bei uns wirtschaftlich in Frage kommt.

Ein weiterer Vergleich zwischen den verschiedenen Heizungsarten ist zu finden in dem Aufsatz von Dr.-Ing. Arnoldt, Dortmund[1]).

B. Die elektrische Beleuchtung.

Ebenso wie das elektrische Bügeleisen, so behauptet heute die elektrische Beleuchtung das Feld trotz der etwas höheren Anlage- und Betriebskosten gegenüber der Gasbeleuchtung. Die Einfachheit der Bedienung und der Wegfall fast aller Unterhaltung haben ihr zum Sieg verholfen. Es erübrigt sich daher, auf einen Vergleich mit der Gasbeleuchtung einzugehen.

---

[1]) Gesundheits-Ingenieur 1928 Heft 22 u. f.

a) Ausbildung der Beleuchtungskörper.

Lange Zeit hat man sich sowohl bei der Ausbildung der einzelnen Beleuchtungskörper als auch bei deren Anordnung im Raum nicht von der Tradition der Kerzenbeleuchtung trennen können, obwohl die technischen Grundlagen beider Beleuchtungsarten ganz verschieden sind.

Man hat von der Kerzenbeleuchtung zur Erhellung größerer Räume den tiefhängenden Lüster übernommen. Im kleinen Raum ist an dessen Stelle die noch tiefer hängende Einzellampe oder die unpraktische Stehlampe getreten.

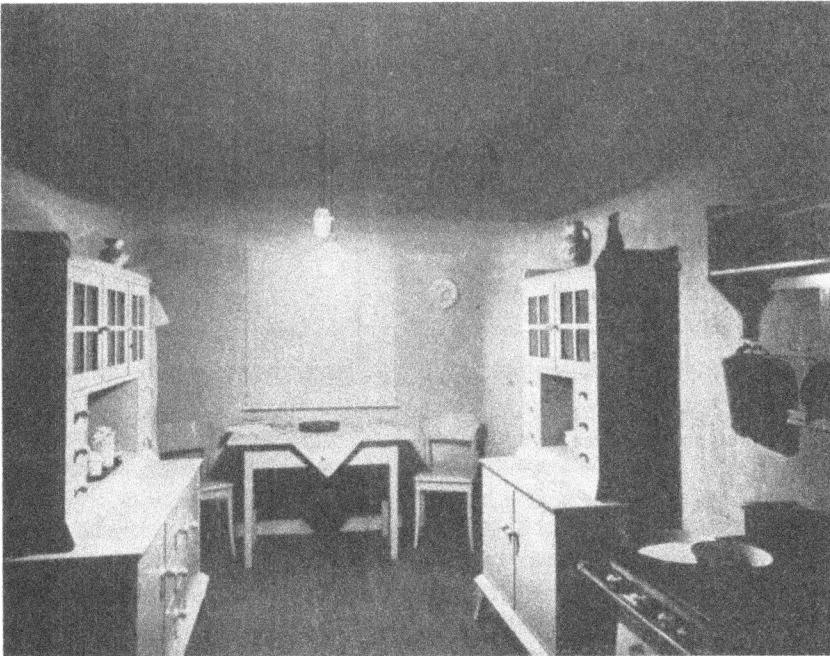

Abb. 110. Falsche Beleuchtung einer Küche durch ein Zugpendel mit ungeschützter Lampe. (Osram A. G.).

Bis vor ganz kurzer Zeit hat man geglaubt, diese althergebrachten Beleuchtungsgeräte aus künstlerischen Gesichtspunkten heraus beibehalten zu müssen. Erst in den allerletzten Jahren hat man auch im Haushalt den Schritt zum einzigrichtigen Beleuchtungsgerät, der Deckenlampe, gewagt.

Die Gründe, warum die Deckenlampe den Anspruch auf diese Bezeichnung hat, soll im folgenden auseinandergesetzt werden.

Bei der alten Kerzen- und auch bei der Gasbeleuchtung mußte sich zur Abführung der Heizgase über der Lampe ein freier Raum be-

finden. Zu hoch durfte sie auch deshalb nicht angebracht sein, damit sie
ohne allzugroße Schwierigkeit angezündet, überwacht und gereinigt
werden konnte. Alle diese Gesichtspunkte kommen bei der elektrischen
Beleuchtung in Wegfall. Die Auswechslung der Lampe ist nur in großen
Zeitabständen nötig, die Reinigung von Staub und Schmutz ist bei
dichtem Abschluß der Armatur auch nur selten erforderlich.

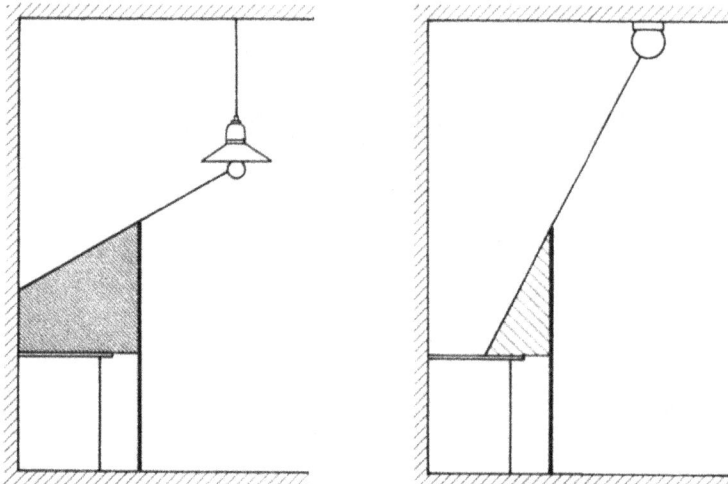

Abb. 111. Schattenwirkung einer tiefhängenden Zugpendellampe und einer
Deckenlampe. Der Schatten der Zugpendellampe ist tief und ausgedehnt,
der Schatten der Deckenlampe licht und von unbedeutendem Ausmaß.

Dafür besitzt die hochangebrachte Lampe von ausreichender Lichtstärke erhebliche Vorzüge, die sich aus dem nachstehenden Vergleich
mit den anderen Anordnungen von selbst ergeben.

a) Die bisher übliche Beleuchtungsart der Küche war das Zugpendel
(Abb. 110). Diese Lichtquelle ist jedoch sehr unvorteilhaft. Sie wirft
starke Schlagschatten, die das Arbeiten erschweren. Unmittelbar be-
leuchtete Gegenstände sind zwar hell, aber alles im Schatten Liegende
erscheint dafür um so dunkler. Bei Vornahme von Arbeiten am Tisch und
am Herd liegt die Lichtquelle im Rücken. Die tiefe Stellung der Lampe
bedingt ausgedehnte Schattenwirkung (Abb. 111). Bei der Decken-
beleuchtung ist diese sehr viel geringer sowohl was die Fläche des Schat-
tens als auch dessen Tiefe anbelangt. Bei der hoch angebrachten Lampe
wird durch die Rückstrahlung der Decke und der Wände der Schatten
aufgehellt, was beim tiefhängenden Pendel in nur geringem Maß der
Fall ist.

Die stärkste Aufhellung der Schatten tritt ein bei der vollkommen
indirekten Beleuchtung. Die Aufhellung ist aber in den meisten Fällen

zu weitgehend. Der fast vollkommene Wegfall aller Schatten beeinträchtigt die Güte des Sehens. Außerdem wird durch Verschmutzung der Zimmerdecke die Beleuchtungsstärke sehr herabgesetzt. Aus diesen Gründen eignet sich diese Beleuchtungsart für die Wirtschaftsräume der Wohnung recht wenig.

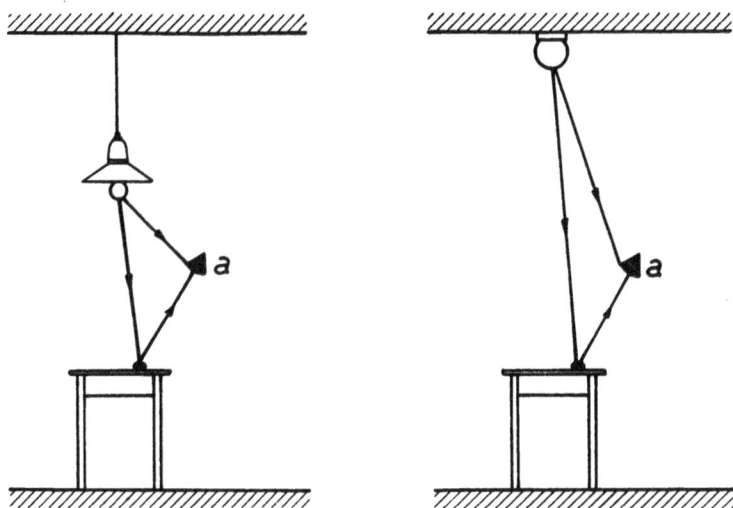

Abb. 112. Blendung durch Einfallen von Strahlen aus der Lichtquelle ins Auge (a), bei der Anordnung links wird das Auge von Strahlen aus der Lampe getroffen, bei der Anordnung rechts nicht.

Der Hauptnachteil der tiefhängenden Lampe ist die starke Blendung. Wir unterscheiden zwei verschiedene Arten der Blendung. Die erste Art hat ihre Ursache darin, daß Strahlen der hängenden Lampe unmittelbar in die Augen fallen (Abb. 112 links). Hierdurch wird die Güte des Sehens beeinträchtigt. Man sieht bekanntlich einen Gegenstand am besten, wenn das Auge nur von den Strahlen getroffen wird, die von dem Gegenstand selbst ausgehen. Sobald außerdem noch die Strahlen der Lichtquelle selbst das Auge treffen, tritt dieselbe Wirkung wie bei der photographischen Platte ein, das Bild auf der Netzhaut verliert an Helligkeit und Schärfe. Es hat das seinen Grund darin, daß das Auge nicht in der Lage ist, sich zwei verschiedenen Helligkeitsgraden gleichzeitig anzupassen. Die Blendung ist um so stärker, je größer der Helligkeitsunterschied zwischen der Lampe und dem betrachteten Gegenstand ist. Je höher die Lichtquelle angebracht ist, desto weniger Licht fällt von der Lampe unmittelbar in das Auge. Bei der Anordnung der Lampe nach Abb. 112 rechts wird das Auge von Lichtstrahlen aus der Lampe nicht mehr getroffen. Das tiefhängende Zugpendel blendet außerdem noch wegen der zu großen

Flächenhelligkeit der Lichtquelle selbst. Diese Blendung ist am stärksten bei der ungeschützten Klarglaslampe und hat in folgendem ihren Grund:

Das menschliche Auge verträgt bei Nacht nur eine sehr geringe Leuchtdichte ohne Blendung. Ist die Leuchtdichte zu groß, so empfindet das Auge die Helligkeit zunächst unangenehm. Es tritt allerdings nach kürzerer oder längerer Zeit — je nach dem Helligkeitsunterschied des vorher betrachteten Gegenstandes und der Lichtquelle — eine Anpassung an deren Helligkeitsgrad ein, aber nur so lange, als das Auge von Strahlen dieser Lichtquelle getroffen wird. Wendet sich der Blick wieder auf einen dunkleren Gegenstand, so ist das Auge gezwungen, sich dessen Helligkeitsgrad anzupassen. Je größer der Unterschied in der Helligkeit der Lichtquelle und dem anschließend daran betrachteten Gegenstand ist, um so länger dauert diese Anpassung. Erst wenn sie erfolgt ist, sieht das Auge den Gegenstand deutlich. Diese Anpassung kann eine Minute und länger dauern. Durch die Blendung wird das Sehvermögen vorübergehend beeinträchtigt. Bei sehr hoher Leuchtdichte kann auch dauernde Schädigung des Sehvermögens eintreten.

Der Glühfaden einer neuzeitlichen Spiraldrahtlampe besitzt eine Leuchtdichte von 600—800 Hefnerkerzen auf 1 cm². Sie ist vielhundertmal zu groß. Das Auge wird durch den ungeschützt leuchtenden Glühfaden ganz erheblich geblendet.

Diesem Mißstand kann man abhelfen durch Verwendung einer mattierten Lampe oder einer Lampe aus Opalglas. Bei diesen Lampen beträgt die Leuchtdichte der Lampenoberfläche nur 150—200 Kerzen. Durch die Umhüllung des Fadens mit einer Opalglasglocke gehen 10—20% des Lichtes verloren, da die Durchlässigkeit einer solchen Glasschicht geringer ist als die des klaren Glases. Die Osram A.-G. gibt für die Durchlässigkeit von Glühlampenglas folgende Werte an: Klarglas mit weißem Bruch 91%, Mattglas innen mattiert 90%, Mattglas außen mattiert 77%, Opalinglas 80—84%. Auf Zahlentafel 22 ist die Durchlässigkeit und das Reflektionsvermögen verschiedener Glassorten, die heute zur Umhüllung der Lampen Verwendung finden, zusammengestellt. Durchlässigkeit und Reflektionsvermögen ergänzen sich. Je weniger Licht durch die Glocke hindurchgeht, desto mehr wird nach innen zurückgeworfen. Kann dieses nach innen zurückgeworfene Licht nicht in den Raum austreten, so ist es verloren. Bei der geschlossenen Glühbirne ist dies restlos der Fall. Das Licht ist zwar weicher, die Schlagschatten sind weniger scharf, dafür ist aber der Stromverbrauch um 10—25% größer. Außerdem bleibt die störende Blendung der ersten Art nach Abb. 112 erhalten. Die Verwendung einer derartigen Lampe stellt deshalb keine restlos befriedigende Lösung dar.

Zahlentafel 22.

Lichtdurchlässigkeit und Reflektionsvermögen verschiedener Glasarten und Stoffe.

Nr.	Glassorte bzw. Stoffart	Dicke mm	Durch- lässigkeit %	Re- flektions- vermögen %	Streuung	Blendung
1	Klarglas mit weißem Bruch .	1,8	90	7	keine	stark
2	Opalinglas	2,5	84	15	schwach	»
3	Ornamentglas	3,5	90	7	gering	»
4	Riffelglas	2,7	88	7	»	»
5	Mattglas	2,3	90	7	un- genügend	»
6	Opalglas	1,2	27	63	gut	schwach
7	»	3,6	12	66	voll- kommen	gering
8	Seidenstoff	—	47	20	fast voll- kommen	»
9	Seidenstoff mit weißem Futter	—	21	43	desgl.	»
10	Alabaster	7,0	50	27	voll- kommen	keine
11	Papier imprägniert je nach Beschaffenheit	—	4—47	67—23	fast voll- kommen	»
12	Glasspiegel	3—6	—	78	—	—
13	Aluminium bronziert	1,2	—	57	—	—
14	Emaille weiß	1,8	—	62	—	—
15	Weiße Zimmerdecke	—	—	70	—	—
16	Helle »	—	—	60	—	—
17	Verstaubte »	—	—	40—50	—	—

Es ist ohne allzugroßen Lichtverlust nicht möglich, die Oberfläche der Mattlampe so zu gestalten, daß ihre Flächenhelligkeit vom Auge nicht mehr störend empfunden wird. Um dies zu erreichen, müßte man den Glühfaden einer 40 Wattlampe mit einer Opalglasschicht von etwa 10% Durchlässigkeit umgeben. 90% des vom Faden ausgestrahlten Lichtes würden dabei verlorengehen. Bei der Klarglasglocke beträgt dieser Verlust nur 9%. Durch Vergrößerung der lichtgebenden Ober- fläche kann man die Leuchtdichte und damit auch die Blendung herab- setzen, ohne die ausgestrahlte Lichtmenge zu vermindern. Man um- gibt deshalb die Klarglaslampe mit einer Opalglaskugel. Bei gleichem Lichtstrom ist die Leuchtdichte der Kugeloberfläche um so geringer, je größer der Durchmesser ist. Wird eine 40-W-Lampe in einer Kugel von 15 cm Durchmesser eingeschlossen, so beträgt die Leuchtdichte 4200 Lux auf Weiß, bei 20 cm Durchmesser nur noch 2600 Lux[1]).

Die so umhüllte Lampe wird man aber schon wegen der Bruchgefahr nicht so nieder hängen, daß sie dauernd Gefahr läuft, mit Schrubber,

---

[1]) 1 Lux ist die Beleuchtungsstärke, welche der Lichtstrom von 1 Lumen auf 1 m² Fläche hervorruft. Ein Lumen ist derjenige Lichtstrom, den 1 Häfnerkerze auf 1 m² Fläche in 1 m Abstand von der Lichtquelle ausstrahlt.

Besen oder sonstigen Geräten in unliebsame Berührung zu geraten. Bei nicht zu großer Raumhöhe ist der beste Platz die Decke.

Durch die hohe Lage der Leuchte wird außer den bereits erwähnten Vorzügen — Blendungsfreiheit in doppelter Hinsicht, gesicherte Lage gegen Bruch — auch erreicht, daß die höher liegenden Teile der Kücheneinrichtung beleuchtet werden, was bei der Anordnung auf Abb. 110 nicht der Fall ist.

Abb. 113. Richtige Beleuchtung einer Küche mit Deckenlampe (Osram A. G.).

β) Die technische Durchbildung der Deckenleuchte ist heute verschieden. Die Abb. 113, 114 u. 115 zeigen drei häufig anzutreffende Formen. Gemeinsam besitzen sie die Eigenschaft, daß ein Teil des Lichtes an die Decke fällt und erst von dort nach unten zurückgestrahlt wird. Dieser Umweg für die Lichtstrahlen ist mit Verlusten verbunden, da die Decke im allerbesten Fall nur 70% des Lichtes zurückwirft. Meistens sind die Verluste größer, weil nur eine schneeweiße Decke dieses hohe Rückstrahlvermögen besitzt. Schon durch ganz geringe Schwärzung wird es auf 40—50% herabgesetzt.

Außerdem lagert sich auf dem oberen Teil der Lampe Staub ab, der die Durchlässigkeit der Schale sehr vermindert. Eine hauchdünne, dem Auge kaum sichtbare Staubschicht genügt, um die Durchlässigkeit der Lampe um 25% herabzusetzen. Da erfahrungsgemäß dieser Staub nur selten entfernt wird, so geht der nach oben ausgestrahlte Teil des Lichtes größtenteils verloren. Am besten ist in dieser Hinsicht die runde Form auf Abb. 115, da sich hier am wenigsten Staub absetzen kann.

Als ganz verfehlt muß nach dem vorher Gesagten die Anordnung nach Abb. 116 gelten. Hier ist als Schutz gegen Blendung eine Mattglasscheibe angeordnet, auf welcher sich der Staub in reichlichen Mengen

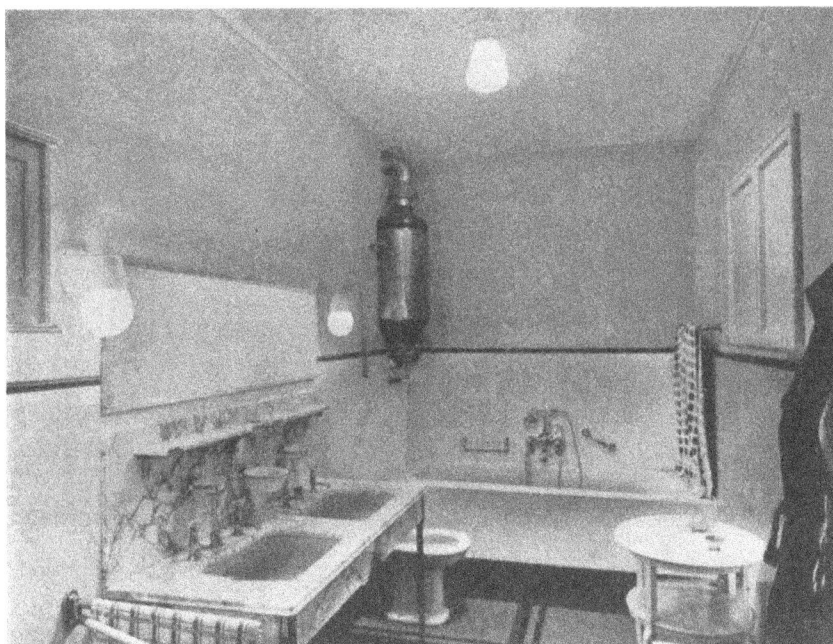

Abb. 114. Beleuchtung eines Waschraums durch eine Deckenlampe mit birnenförmiger Umhüllung. (Osram A. G.).

absetzt. Diese Glasplatte ist nun häufig so nah an der Decke angebracht, daß ihre gründliche Reinigung ohne Abnahme der Platte ein Ding der Unmöglichkeit ist.

γ) Um den nach oben fallenden Teil der Lichtstrahlen besser auszunützen, verwendet man in der letzten Zeit Spiegelleuchten, deren grundsätzlicher Aufbau aus Abb. 117 ersichtlich ist. Der obere Teil der Schale besteht aus einem kreisförmig oder parabolisch gekrümmten Glasspiegel, der das nach oben fallende Licht mit einem Wirkungsgrad von 78—90% nach unten zurückwirft. Der untere Teil der Lampe besteht meist aus einer Opalglasschale. Obwohl bei dieser Anordnung keine Lichtstrahlen unmittelbar nach oben fallen, wird doch so viel Licht an die Decke zurückgestrahlt, daß diese nicht unfreundlich dunkel erscheint.

Derartige Spiegelleuchten kommen mehr und mehr in Aufnahme, da sie die wirtschaftlichste Lichtquelle bilden. Ihr besonderer Vorzug liegt darin, daß die Decke nicht als wirksamer Bestandteil der Beleuch-

Abb. 115. Beleuchtung einer Waschküche durch eine Deckenlampe mit kugel-förmiger Umhüllung. (Osram A. G.).

tung mitwirkt, so daß deren Schwärzung keinen Einfluß auf die Hellig-keit des Raumes ausüben kann. An ihre Stelle tritt der Glasspiegel, der weitgehend gegen Verstaubung geschützt ist und viele Jahre sein hohes Rückstrahlvermögen ungemindert beibehält.

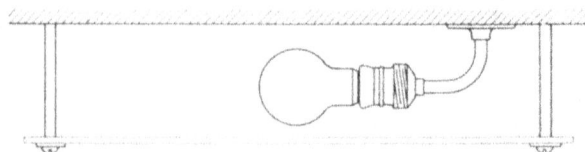

Abb. 116. Ungünstige Form des Lampenschutzes gegen Blendung.

Die Spiegelleuchte auf Abb. 117 besitzt den Nachteil, daß Staub von oben eindringt, sich auf der Innenseite der unteren Glasschale ab-setzt und deren Lichtdurchlässigkeit vermindert. Bei großer Raumhöhe wird erfahrungsgemäß auch dieser Staub nicht genügend oft entfernt.

Die beste Lösung bildet in dieser Hinsicht die in die Decke einge-
lassene Spiegelleuchte nach Abb. 118. Bei Anordnung einer gesonderten
Abdichtung der unteren Glasschale gegen den Spiegel nach Art der
Autoscheinwerfer kann das Eindringen
von Staub fast vollständig vermieden
werden.

Bei größeren Räumen besteht
manchmal das Bedürfnis, einzelne Ar-
beitsplätze noch durch besondere Lampen
zu erhellen. Auf Abb. 114 sind z. B. am
Waschtisch zwei Lampen vorgesehen. In
der Küche wird man über dem Herd
oder dem Spültisch eine eigene Lampe
anbringen.

Die Auswahl der Leuchte ist auf
Abb. 114 insofern nicht gut getroffen,
als die Lichtstrahlen nicht nur den zu
beleuchtenden Gegenstand, sondern
gleichzeitig in erheblichem Maß auch
das Auge des Beschauers treffen und
dadurch Blendung hervorrufen.

Es ist schwierig, bei einer Wandleuchte nach Abb. 114 diesen Übel-

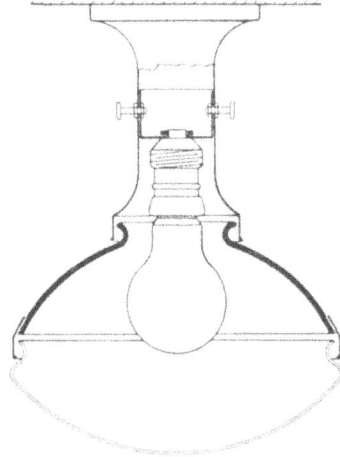

Abb. 117. Spiegelleuchte mit ver-
stellbarem Lichtpunkt zur Befestigung an der Decke.

stand ganz zu beseitigen. Bringt man die Lampe nieder an, dann
wird das Auge geblendet, bringt man sie hoch an, dann verfehlt sie

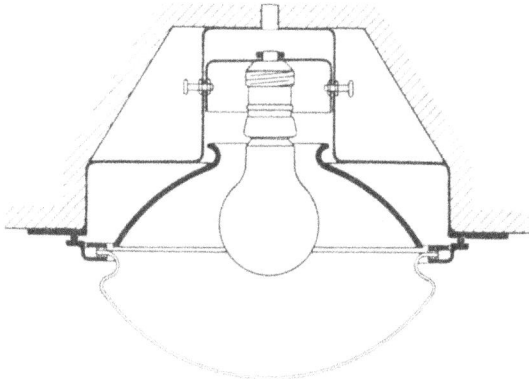

Abb. 118. Versenkte Deckenleuchte mit staubdichtem Abschluß.

meist ihren Zweck. Die einzig richtige Beleuchtung ist auch hier wieder
die möglichst hoch angebrachte Leuchte mit Reflektor, deren Licht
so abgeblendet ist, daß das Auge von den Strahlen nicht getroffen

werden kann. Zweckmäßig ist es, eine derartige Wandleuchte beweglich zu gestalten, um eine größere Fläche bestreichen zu können (Abb. 119).

Ein zweckmäßiges Beleuchtungsgerät für Ortsbeleuchtung ist die Nähmaschinenlampe, wie sie zuerst von der Nähmaschinenfabrik Singer eingeführt worden ist. Ihre Durchbildung und Anordnung entspricht den vorher entwickelten Grundsätzen bezüglich Blendungsfreiheit.

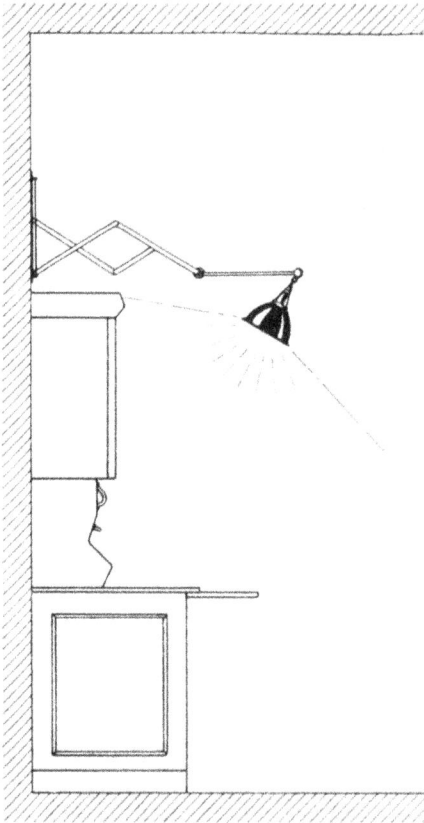

b) Die Beleuchtungsstärke.

Die Beleuchtungsstärke, welche eine bestimmte Lichtquelle auszuüben vermag, hängt ab von der Größe des Raumes, der Höhe des Lichtpunktes und dem Wirkungsgrad der Leuchte selbst. Die Beleuchtungsstärke soll nicht zu gering gewählt werden. Eingehende Versuche, die besonders in Amerika durchgeführt wurden, haben einwandfrei gezeigt, daß die Arbeit um so besser wird, je heller das Licht ist.

Auch die Küchenarbeit erfordert helles Licht, besonders am Herd und am Spültisch. Bei ausreichender Beleuchtungsstärke kann es dann nicht vorkommen, daß ein Regenwurm im Salat bleibt oder schlecht gespültes Geschirr in den Schrank kommt.

Abb. 119. Richtige Beleuchtung eines Arbeitsplatzes durch eine bewegliche Lampe mit Reflektor. (Midgard-Lampe).

Als ausreichende Beleuchtungsstärke können in der Küche 40 bis 50 Lux in Tischhöhe angesehen werden, soferne nicht feinere Arbeiten wie Nähen, Sticken usw. ausgeführt werden sollen. Diese Arbeiten erfordern eine Beleuchtungsstärke von 80 bis 100 Lux. Man hat nun die Wahl, ob man die ganze Küche mit dieser Stärke beleuchten will oder nur den einzelnen Arbeitsplatz. Im ersteren Fall ist man freizügiger in der Bewegung, muß aber dafür den etwas höheren Stromverbrauch in Kauf nehmen.

Die Stromaufnahme der Lampe, welche notwendig ist um eine bestimmte mittlere Beleuchtungsstärke zu erzielen, läßt sich aus der Größe der zu beleuchtenden Fläche, der Höhe des Lichtpunktes und dem Wirkungsgrad der verwendeten Leuchte in einfacher Weise ermitteln[1]).

Diese Berechnung ist im folgenden für eine Küche von $3,5 \times 3,5$ m = 12 m² Bodenfläche und einer Lichtpunkthöhe von 2 m über Tischfläche durchgeführt.

Nach den Gesetzen für die Ausbreitung des Lichtes würde die Lichtpunkthöhe keine Rolle spielen, wenn alle Strahlen der Leuchte der zu erhellenden Boden- bzw. Tischfläche unmittelbar zugute kommen würden. Dies ist jedoch praktisch nie der Fall. Bei allen Leuchten gelangt ein Teil des Lichtes erst auf mittelbarem Weg an die zu beleuchtende Fläche. Die Größe dieses Anteils sowie die Art und Länge des Weges wird durch die Lichtpunkthöhe beeinflußt, und deshalb ändert sich auch der Stromverbrauch der Lampen mit dieser.

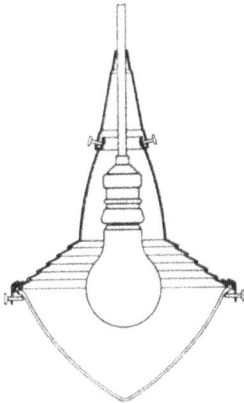

Abb. 120. Spiegelleuchte der Zeiß-Jkon-Werke.

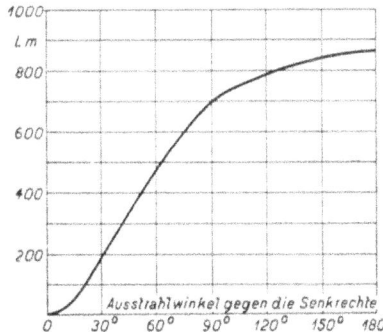

Abb. 121. Verlauf der Zonenleuchtströme bei der Spiegelleuchte der Zeiß-Jkonwerke.

Bei der Berechnung kommt die Lichtpunkthöhe zum Ausdruck in dem Ausstrahlungswinkel der Leuchte. Dieser beträgt bei dem vorliegenden Beispiel 83,5°.

Der Lichtstrom, der von einer Leuchte bei einem bestimmten Ausstrahlwinkel nutzbar abgegeben wird, ist aus der Kurve der Zonenleuchtströme zu entnehmen.

Je nach dem Aufbau der Leuchten ist der Verlauf dieser Kurven verschieden. Für die Spiegelleuchte nach Abb. 120 ist der Verlauf aus Abb. 121 ersichtlich. Bei einem Ausstrahlwinkel von 83,5° gibt die Leuchte von je 1000 Lumen, welche die nackte Lampe erzeugt, 630 Lumen nutzbar an die Bodenfläche ab, sie besitzt infolgedessen einen Wirkungs-

---

[1]) Dr.-Ing. Bloch, Grundbegriffe der Lichttechnik, Osram-Lichtheft Nr. 1.

grad von 63% wobei jedoch der auf die Seitenwände fallende Lichtstrom noch nicht berücksichtigt ist. Der Gesamtwirkungsgrad der
Lampe erreicht 78—80%. Wenn die Lampe niedriger hängt, wird der
Ausstrahlwinkel etwas größer und auch die Beleuchtungsstärke; doch ist
der Gewinn nicht sehr erheblich.

Zur Erzeugung einer Beleuchtungsstärke von 50 Lux ist bei 12 m²
Fläche ein Lichtstrom von $50 \times 12 = 600$ Lumen erforderlich, der
Lichtstrom der Lampe muß demnach $\dfrac{600}{0,63} = 950$ Lumen betragen.
Die Stromaufnahme einer derartigen Lampe ist aus der Zahlentafel 23
zu entnehmen. Wie ersichtlich, ist die Lichtausbeute bei 220 V etwas
geringer wie bei 110 V.

Zahlentafel 23.

Gesamtlichtstrom der Osramlampen.

Watt	Lichtstrom in Lumen		Watt	Lichtstrom in Lumen	
	110 Volt	220 Volt		110 Volt	220 Volt
15	145	125	200	3 250	2 850
25	250	225	300	5 200	4 650
40	420	395	500	8 900	8 000
60	780	630	750	14 000	13 000
75	1 050	850	1 000	19 000	17 500
100	1 500	1 250	1 500	19 500	28 000
150	2 350	2 000			

Bei 110 V Spannung reicht zur Erzeugung des Lichtstroms von
950 Lumen eine 75-Wattlampe aus, bei 220 V würde eine Lampe mit
85 W Verbrauch notwendig sein. Da solche Lampen nicht hergestellt
werden, muß man sich entweder mit der Beleuchtungsstärke von 45 Lux
begnügen (75-W-Lampe) oder eine 100-W-Lampe verwenden, die eine
Beleuchtungsstärke von 66 Lux je m² erzeugt.

Die Leuchten nach Abb. 113 mit 115 hätten in diesem Fall eine
Beleuchtungsstärke von 38 bzw. 56 Lux ergeben, unter der Voraussetzung einer tadellos weißen Decke. Schon bei geringer Verrußung
oder Verschmutzung ist zur Erzeugung der gleichen Beleuchtungsstärke
eine um 25% höhere Leuchtkraft der Lampen notwendig.

Bei dunklen Wänden muß die Lichtstärke der Lampe um 20 bis
25% höher gewählt werden als bei hellen. Dafür macht sich aber der
Lichtverlust durch Verstaubung weniger bemerkbar.

C. Die Haushaltmaschine.

a) Der Staubsauger.

α) Allgemeiner Aufbau. Von allen maschinellen Einrichtungen
des Haushalts beansprucht heute der Staubsauger das größte Interesse.
Eine außerordentlich große Auswahl steht dem Käufer zur Verfügung.

Die Vereinheitlichung der Systeme ist hier aber glücklicherweise weiter fortgeschritten als bei der Waschmaschine. Leider erstreckt sie sich aber nur auf den grundsätzlichen Aufbau, nicht aber auf die Einzelteile. Kein Sauger, keine Bürste, kein Schlauch des einen Erzeugnisses kann für ein anderes verwendet werden. Dem Besitzer wird der Bezug dieser Ersatzteile dadurch erschwert, daß kein Geschäftsinhaber die Teile sämtlicher Erzeugnisse auf Lager halten kann.

Im großen und ganzen sind zwei Grundbauarten zu unterscheiden, der Kesselapparat und der Hülsenapparat. Die Wirkungsweise der beiden Bauarten ist ziemlich gleich, der Unterschied liegt hauptsächlich in der Anordnung des Staubfängers. Beim Kesselapparat steht dieser senkrecht, beim Hülsenapparat liegt er horizontal.

Eine Ausnahme am Aufbau macht der Vampyr-Staubsauger der A.E.G. Bei diesem ist das Filter als großer Staubbeutel ausgebildet, der ohne weitere Umhüllung am Apparat angebracht ist.

β) Wirkungsweise. Die Wirkungsweise der gesamten Staubsauger besteht darin, daß durch eine Pumpe Luft in Bewegung gesetzt wird. Auf der einen Seite der Pumpe entsteht dadurch eine saugende, auf der andern Seite eine blasende Wirkung. Es können demnach sämtliche Staubsauger für beide Zwecke verwendet werden. Als Luftpumpe findet bei den Staubsaugern für Haushaltzwecke ausschließlich die schnellaufende Kreiselpumpe Anwendung; als Antriebskraft dient der Elektromotor; er sitzt stets mit dem Pumpenrad auf einer Welle. Eine bauliche Schwierigkeit liegt bei den Staubsaugern darin, daß weder das Pumpenrad, noch weniger aber der Elektromotor mit dem angesaugten Staub in Berührung kommen darf. Beide müssen durch ein Filter geschützt werden. Die Ausbildung und Anordnung dieses Filters erfordert besondere Sorgfalt. Wird es schadhaft, so dringt Staub in den Motor ein und zerstört ihn in kurzer Zeit. Da nun mit der Möglichkeit gerechnet werden muß, daß ein solches Filter undicht wird und es praktisch unmöglich ist, das eine Filter so dicht herzustellen, daß gar kein Staub durchdringt, ordnet man heute stets zwei Filter hintereinander an. Bei genügender Oberfläche kann ein Filter so eng sein, daß selbst Bakterien nicht durchdringen können.

γ) Der Kesselapparat. Der älteste Vertreter dieser Bauart ist der Protos-Staubsauger.

Sein Äußeres ist jedermann bekannt, so daß auf dessen Wiedergabe verzichtet werden kann.

Der Schnitt auf Abb. 122 zeigt den inneren Aufbau. Die angesaugte Luft tritt unten in den Apparat ein und erleidet hier einen Richtungswechsel. Bei dieser Gelegenheit wird schon ein Teil des Staubes abgesondert und bleibt auf dem Boden des Kessels liegen. Besonders gilt dies für schwere Teile, Geld, Schrauben und sonstige Metallstücke, die infolge ihres Gewichts dem raschen Wechsel des Luftstroms nicht zu folgen vermögen. Die leichteren Bestandteile des Staubes werden beim Durchgang durch die Filter abgehalten.

Die vollkommen gereinigte Luft umspült dann den Motoranker, kühlt diesen, strömt von hier durch das Pumpenrad und verläßt den Apparat durch die oben befindliche Öffnung. Der Weg der Luft im Kessel von unten nach oben ist für die Staubabsonderung günstig. Die Gefahr der Verstopfung des Filtergewebes wird herabgesetzt, der Druckverlust vermindert.

δ) Der Hülsenapparat. Der Hülsenapparat besitzt vor dem Kesselapparat den Vorzug der etwas gefälligeren und handlicheren Form und der sich hieraus ergebenden leichteren Beweglichkeit. Er kann auf Schlittenkufen oder auf Rädern nachgezogen werden, während der Kessel von der einen zur andern Arbeitsstelle getragen werden muß. Bei vergleichenden Arbeiten hat sich aber gezeigt, daß dieser Umstand kaum störend in die Erscheinung tritt. Man könnte auch den Kesselapparat auf Räder setzen, doch ist meines Wissens bei den neueren Bauarten hiervon kein Gebrauch mehr gemacht worden.

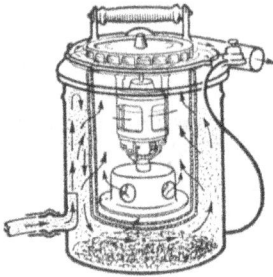

Abb. 122. Schnitt durch den Protosstaubsauger mit Doppelfilter.
Leistungsaufnahme 150 W.

Die beschränkten Platzverhältnisse im Innern der Hülse bringen es mit sich, daß der Staubbehälter kleiner wird als beim Kesselapparat, er muß also öfter entleert werden.

Der Luftweg ist beim Hülsenapparat geradlinig. Es entfällt damit der Vorteil, den ein Wechsel der Bewegungsrichtung bezüglich der Absonderung schwerer Teile mit sich bringt. Um diese vom Filter abzuhalten, wird meist ein Sieb an den Luftweg eingeschaltet.

Abb. 123 zeigt den Schnitt durch den ältesten Hülsenapparat, den Elektrolux.

ε) Die Leistung der Staubsauger. Die Leistung eines Staubsaugers hängt ab vom Unterdruck, den das Pumpenrad erzeugt und von der angesaugten Luftmenge. Während man bei der angesaugten Luftmenge beliebig weit gehen kann, ist dies beim Unterdruck nicht der Fall. Er soll nicht über 600 mm-Wassersäule steigen, da sonst eine Beschädigung der Gewebe eintritt. Bei höherem Unterdruck werden Stoffasern abgerissen, bei ganz feinen Geweben entstehen Risse.

Der Unterdruck ist abhängig von den Querschnitten des Pumpenrades und von dessen Umfangsgeschwindigkeit. Die angesaugte Luftmenge ist bei einem bestimmten Unterdruck im Pumpenrad abhängig vom Querschnitt des Luftwegs. Je kleiner dieser Querschnitt ist, desto weniger Luft wird vom Apparat angesaugt. Durch Vergrößerung der Schlauchquerschnitte ist es also möglich, die Leistung des Staubsaugers zu vergrößern, ohne daß es notwendig ist, die Motorleistung zu erhöhen. Der Wirkungsgrad des Staubsaugers ist demnach in hohem Maß abhängig von dem Schlauchquerschnitt. Je größer dieser ist, um so besser ist der Wirkungsgrad.

Leider kann man mit der Vergrößerung der Querschnitte nicht beliebig weit gehen, da die Handhabung des Apparates um so umständlicher wird, je größer die Ansaugquerschnitte sind. Auch wenn man die beweglichen Teile des Apparates (Saugdüse mit Schlauch usw.) aus Leichtmetall herstellt, steigt deren Gewicht mit zunehmendem Querschnitt doch so erheblich an, daß die Handhabung der Teile ermüdend wirkt. Über 12 cm² Ansaugschlauchquerschnitt kann man deshalb nicht gut gehen.

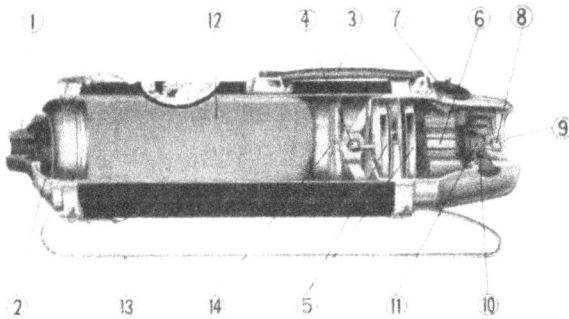

Abb. 123. Schnitt durch den Elektroluxstaubsauger. *1* Schlauchanschluß beim Saugen, *2* Sieb, *3* Traggriff, *4* und *8* Lagerung des Motors mit Ventilatorrad, *5* Ventilatorrad, *6* Motoranker, *7* Schalter, *9* Schlauchanschluß beim Blasen, *10* Bürste, *11* Kollektor, *12* Staubbeutel, *13* Schlittenkufen, *14* Filter. Leistungsaufnahme 250 W.

Bei einem bestimmten Schlauchquerschnitt wächst die angesaugte Luftmenge mit zunehmendem Unterdruck. Man kann die Leistung des Staubsaugers, also auch durch Steigerung der Motorleistung erhöhen, was jedoch höhere Betriebskosten mit sich bringt. Hierzu kommt, daß man, wie bereits im Teil III ausgeführt, den Einheitsmotor nur für beschränkte Leistung herstellen kann.

Die neueren Apparate saugen in der Minute etwa 1200 m³ Luft an. Der Stromverbrauch der Motoren beträgt 150—250 W. Der Wirkungsgrad der Apparate ist verhältnismäßig hoch. Er erreicht 35—40 %.

b) Der Nähmaschinenantrieb.

Er ist der kleinste von den im Haushalt verwendeten Motoren, ersetzt aber trotzdem die menschliche Arbeitskraft nicht nur vollkommen, sondern gestattet eine erhebliche Leistungssteigerung darüber

hinaus. Der geringe Kraftbedarf hat seine Ursache darin, daß die Nähmaschine infolge ihrer hohen Drehzahl sehr gut für elektrischen Antrieb
geeignet ist, was für den menschlichen Organismus nicht zutrifft.

Die Drehzahl der elektrisch angetriebenen Nähmaschine beträgt
bis 1300 in der Minute, die des Elektromotors 5—6000. Es ist also nur
eine sehr geringe Übersetzung notwendig. Für den Fuß — noch mehr
aber für den Handantrieb würde dieses Übersetzungsverhältnis viel
höher liegen, wenn man so hohe Stichzahlen erreichen wollte. Die
günstigste Drehzahl einer Kurbel für Handantrieb liegt nach den Untersuchungen des Kaiser-Wilhelm-Instituts für Arbeitspsychologie bei
35 in der Minute. Man geht bei der Nähmaschine höher bis 60, erreicht
aber auch bei Einschaltung eines Über-
setzungsverhältnisses 1 : 5 nicht mehr als
300 Stiche in der Minute.

Eine höhere Stichzahl ist wegen der sehr
beschränkten Kraftleistung des Armes nicht
möglich. Es würde vorzeitige Ermüdung
eintreten.

Hinsichtlich der Kraftleistung ist der
Fußantrieb vorteilhafter. Die Stichzahl kann
hier bis 600 und 700 Stiche in der Minute
gesteigert werden. Die günstigste Drehzahl
des Schwungrades an der Fußtrittvorrichtung liegt bei 90 in der Minute, es ist demnach ein Übersetzungsverhältnis 1 : 7 erforderlich. Eine derartig hohe Riemenüber-
setzung besitzt einen schlechten Wirkungsgrad. Er beträgt bei der handelsüblichen

Abb. 124. Nähmaschinen-
antrieb der Bergmannwerke
mit Reibradantrieb. Motor
um senkrechte Achse
schwenkbar.

Ausführung nicht über 40%. Die Verluste bestehen hauptsächlich
in der Überwindung der Biegungsarbeit für den Riemen, die um so
größer wird, je kleiner die Schnurscheibe ist; außerdem tritt beim
Lauf des Riemens über die kleine Schnurscheibe stets Gleiten ein,
das ebenfalls erheblichen Kraftverlust mit sich bringen kann. Die
Lagerstellen der Fußtrittvorrichtung, besonders das Kurbellager verursachen nicht unbedeutende Reibungsarbeit.

Der elektrische Antrieb arbeitet mit höherem Wirkungsgrad,
etwa 80%. Er besteht meist aus einer gummibelegten Rolle, die durch
Federkraft gegen das Schwungrad der Nähmaschine gepreßt wird. Die
Kraftübertragung eines derartigen Reibradantriebes ist bei größeren
Leistungen mit erheblichen Verlusten durch Schlüpfung verbunden,
bei der kleinen Leistung des Nähmaschinenantriebs ist er jedoch vollkommen am Platz. Er besitzt den Vorteil, daß er durch einfaches
Schwenken des Motors um eine vertikale oder horizontale Achse aus-
und eingeschaltet werden kann (Abb. 124).

Die Leistung der Nähmaschine kann durch den elektrischen Antrieb ohne weiteres um 50% gesteigert werden, ohne daß Störungen in der Gleichmäßigkeit des Ganges der Maschine eintreten.

Beim Kurbelantrieb mit dem Fuß ist es niemals möglich, einen so gleichmäßigen Gang der Nähmaschine zu erzielen wie mit dem elektrischen Antrieb. Beim Fußantrieb schwankt die Drehzahl bei jeder Kurbelumdrehung nach einer Sinuslinie. Die Drehzahl erreicht 2mal ihren Höchst- und 2mal einen Mindestwert. Der ungleichmäßige Lauf wirkt ungünstig auf die Gleichmäßigkeit der Stichbildung ein, setzt deren Höchstzahl herab, erhöht den Kraftbedarf, vermehrt das Geräusch und beschleunigt die Abnutzung.

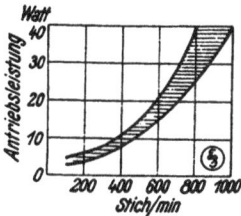

Abb. 125.   Kraftverbrauch der   Abb. 126.   Kraftverbrauch der
Schwingschiffnähmaschine.   Ringschiffnähmaschine.

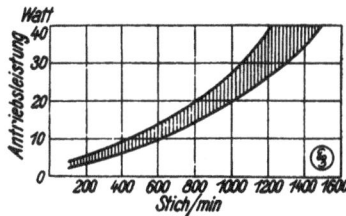

Die höchste erreichbare Drehzahl wird beim elektrischen Antrieb durch das System bestimmt. Bei der Schwingschiffnähmaschine liegt diese Grenze nicht so hoch wie bei der Ringschiffchenmaschine wegen der schlechteren dynamischen Bedingungen. Das Schwingschiffchen kommt bei jedem Stich 2mal zum Stillstand. Bei dem raschen Anhalten und Wiederingangsetzen entstehen Verzögerungs- und Beschleunigungskräfte, die mit dem Quadrat der Geschwindigkeit wachsen und bei hohen Drehzahlen ganz erhebliche Werte annehmen. Die dabei auftretenden Stoßwirkungen begrenzen schließlich die Drehzahl. Der Kraftbedarf beträgt bei 800—1000 Stichen etwa 40 W (Abb. 125).

Bei der Ringschiffchenmaschine liegen die dynamischen Verhältnisse günstiger. Das Schiffchen schwingt hier im Kreisbogen. Da sein Schwerpunkt ganz in der Nähe des Drehpunkts liegt, ist der Weg, den der Schiffchenschwerpunkt zurücklegt, viel geringer wie bei der Schwingschiffnähmaschine. Die Geschwindigkeit ist infolgedessen kleiner und damit senken sich auch die Beschleunigungs- und Verzögerungskräfte.

Die Stichzahl kann bis 1400 in der Minute gesteigert werden, der Kraftbedarf (Abb. 126) ist trotzdem nicht größer als bei der Schwingschiffmaschine mit 800 Stichen in der Minute.

Von besonderem Interesse ist die Art der Stichzahlregelung. Beim Einzelantrieb kann sie erfolgen durch Veränderung der Drehzahl des

Motors oder durch Schlupf zwischen der Motordrehzahl und der Ma-
schinendrehzahl. Bei größeren Nähmaschinen für gewerbliche Zwecke
wird meistens von der zweiten Art der Regelung Gebrauch gemacht.
Es wird hier zwischen Motor und Nähmaschine eine eigene Rutschkupplung eingebaut. Die Drehzahl wird durch Veränderung des Druckes
zwischen den beiden Reibflächen der Kupplung erzielt.

Bei den Haushaltmaschinen regelt man die Stichzahl meistens
durch Veränderung der Motordrehzahl. Dies kann geschehen durch
Feldschwächung oder durch Vorschalten von Widerständen. Regelung
mittels Feldschwächung ist bei der Nähmaschine nicht am Platz, da
auch sehr geringe Drehzahlen in Frage kommen.

Man regelt deshalb durch Vorschalten von Widerständen im Anker-
stromkreis. Der Wirkungsgrad dieser Regelungsart ist bei kleiner
Drehzahl zwar sehr gering, da die Stromaufnahme unabhängig von der
Drehzahl stets 40 W beträgt. Was im Motor nicht verbraucht wird,
geht im Widerstand verloren. Bei dem geringen Stromverbrauch (etwa
1 Pf. je Stunde) spielt dieser Umstand jedoch praktisch keine Rolle.

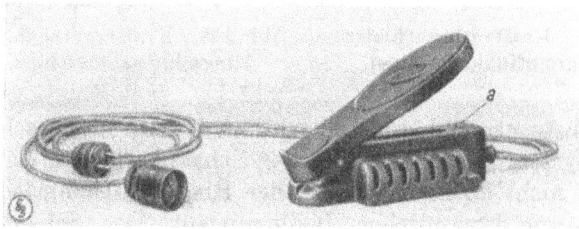

Abb. 127. Fußregler der Siemens-Schuckertwerke.

Betätigt wird die Regelung stets mit dem Fuß. Abb. 127 zeigt
den Regler der Siemens-Schuckertwerke. Die Widerstände sind aus-
wechselbar, so daß bei Änderung der Spannung oder Übergang von
Gleichstrom auf Wechselstrom bzw. umgekehrt nicht der ganze Regler
ersetzt werden muß.

c) Sonstige elektrische Antriebe.

An weiteren elektrischen Antrieben, die heute vorwiegend mit
eigenem Motor versehen werden, sind noch zu nennen:

1. Die Bohnerbürste. Sie dient zur Aufbringung der Bohnermasse
auf Stabfußböden und Linoleumbelage. Zur Verwendung kommen
1—3 Bürsten, die entweder um eine horizontale oder eine vertikale
Achse drehbar sind. Meistens können sie gegen eine Vorrichtung zum
Abschleifen von Stabfußböden ausgetauscht werden. Diese Vorrichtung
besteht aus einer Scheibe oder Trommel mit auswechselbarem Glas-
oder Flintpapierüberzug. Die Verwendung der elektrisch angetriebenen

Bohnerbürste bringt erhebliche Kraftersparnis, da das ermüdende
Bücken mit 33% Mehrverbrauch an Kraft gegenüber dem Stehen
wegfällt. Leistungsaufnahme 120—180 Watt.

2. Der Ventilator. In die Wand eingebaut und durch einen
Kanal mit der Außenluft verbunden dient er dem Zwerk, frische Luft
in die Wohnräume zu befördern. Bei nennenswerter Leistung besitzen
diese Ventilatoren leider zwei Nachteile: Sie verursachen Zugluft und
Geräusch. Die Bemühungen der Techniker hinsichtlich der Beseitigung
des letzteren Mißstandes sind bisher nicht von dem erwünschten Erfolg
begleitet gewesen. Das Geräusch rührt nicht vom Motor, sondern von
den Schwingungen her, in welche die Luftsäule beim Durchgang der
Ventilatorschaufeln versetzt wird. Vollkommen geräuschlos laufen nur
die kleinen Zimmerventilatoren, welche den Luftinhalt des Raumes
in Umlauf setzen. Das Fehlen einer fest ausgeprägten Luftsäule und
die geringe Leistung bewirken die Geräuschlosigkeit des Ganges.
Leistungsaufnahme 20—250 Watt.

3. Der Warmlufterzeuger. Er zählt zu den kleinsten und neuesten
elektrischen Geräten des Haushalts besonders in seiner Form als Hände-
trockenapparat. Er besteht aus einem Kreiselüfter, der unmittelbar
auf der Welle eines sehr rasch laufenden Elektromotors sitzt. Der
erzeugte Luftstrom wird vor Verlassen des Apparats durch einen als
Gitter ausgebildeten elektrischen Heizkörper geleitet und dort erwärmt.
Als Handapparat findet er in bekannter Weise Verwendung als Trockenapparat für Haare, an einem Ständer befestigt dient er vorwiegend
zum Trocknen der Hände. Leistungsaufnahme 100—300 Watt.

Schlußwort.

Wenn ich mit der Behandlung dieses Gegenstandes das vorliegende Buch abschließe, so bin ich mir wohl bewußt, daß es auf Vollständigkeit keinen Anspruch erheben kann. Eine Reihe von kleineren Hilfsmitteln in Küche und Haushalt — Wundertöpfe aller Art, Dampfkocheinrichtungen, Tee- und Kaffeemaschinen sowie sonstige kleinere Hilfsmittel und Geräte — konnten wegen Platzmangels nicht behandelt, andere Fragen, wie die der Reinigung des Körpers und der Wohnräume, Zuleitung von Wasser, Gas und elektrischem Strom usw., konnten nur gestreift werden. Ebenso wurden auch die Sondergebiete: Lüftung, technische Heilmittel — voran das elektrische Heizkissen — Radio- und Fernsprechtechnik nicht gebracht, da sie bereits in besonderen Werken des öfteren Würdigung gefunden haben. Trotzdem besteht die Absicht, das Buch durch Aufnahme neuzeitlicher Einrichtungen und Behandlung neu auftauchender Fragen zu verbessern und zu ergänzen. Für Vorschläge in dieser Hinsicht, sofern sie keine nennenswerte Vermehrung des Buchumfangs bringen, bin ich deshalb jederzeit sehr dankbar.

Literaturverzeichnis.

1. Bücher:

Bernége, P., Die Organisation der Hauswirtschaft nach wissenschaftlichen Grundsätzen. Langensalza 1927.

Bode, Dr. M., Rationelle Hauswirtschaft. 2. Folge. Berlin 1927.

Derlitzki, Dr. Arbeitsersparnis im Landhaushalt. Berlin 1926.

Frederick-Witte, Die rationelle Haushaltführung. Berlin 1921.

Günther, Adolf, Lebenshaltung des Mittelstandes. München und Leipzig 1920.

Mandl, Sophie, Das Heim von Heute. Leipzig-Wien 1928.

Manfreda, J., Wie soll deine Wohnung eingerichtet sein? Innsbruck.

Meyer, Dr. E., Der neue Haushalt. Stuttgart 1926.

Neff, E., Die Schnellküche der Junggesellin. Stuttgart 1926.

—, Die Sommerküche. Stuttgart 1928.

—, Auch allein, wohne fein. Stuttgart 1927.

Neubert, R., Der Mensch und die Wohnung. Dresden.

Pfannes, F., So will ich sparen. Das Wirtschaftsbuch der Hausfrau. Stuttgart 1927.

Pfeiffer, E., Technik im Haushalt. Stuttgart 1928.

Plank, Dr.-Ing. R., Haushaltkältemaschinen. Berlin 1928.

Richter, Dipl.-Ing. E., Das elektrische Haus. 1928.

Schachner, R., Gesundheitstechnik im Hausbau. München und Berlin 1926.

Schultze-Naumburg, Dr., A. B. C. des Bauens. Stuttgart 1927.

—, Das bürgerliche Haus. Frankfurt 1927.

—, Die Einrichtung des Wohnhauses. München 1922.

Schuster, Franz, Eine eingerichtete Kleinstwohnung. Frankfurt 1927.

Landesamt, Stat., Hamburg, Einnahmen und Ausgaben in 80 Haushaltungen. Hamburg 1925.

Suhr, Dr. Otto, Die Lebenshaltung der Angestellten. 2. Auflage. Afa-Schriften-Sammlung. Berlin 1928.

Taut, B., Die neue Wohnung. 4. Auflage. Leipzig 1926.

—, Der neue Wohnbau. Leipzig und Berlin.

Thies, Dr., Wäsche und Waschen im Haushalt. Leipzig.

Weinberg, M., Unsere Hauswirtschaft und Volkswirtschaft in ihren wechselseitigen Beziehungen. M.-Gladbach 1922.

Weinberg, M., Praktische Warenkunde der Hausfrau für Nahrung, Kleidung, Hausrat. Leipzig.

Witte, Irene, Heim und Technik in Amerika. Berlin 1928.

Zimmermann, H., Haus und Hausrat. Stuttgart 1924.

—, Wärmewirtschaft in der Küche. Berlin.

—, Wärmewirtschaft beim Wohnungsbau. Berlin.

2. Schriften:

Gasverbrauchs-G. m. b. H., Berlin, Hilfstabellen für den Gasverkäufer.

Institut für Hauswirtschaftswissenschaft in Berlin, Heft 1: Ökonomie des Haushalts.

Junkers & Co., Dessau, Wärmetechnische Blätter.

Osram, G. m. b. H., Berlin, Lichttechnische Schriften.
R. Pierce und A. Duncan, Das Haus der Zukunft. London 1928.
Vereinigung deutscher Eisenofenfabrikanten E. V., Kassel, Schriften über die
    Heizung mit eisernen Öfen.

3. Zeitschriften:

Deutsche Hausfrau, Zeitschrift des Reichsverbandes deutscher Hausfrauenvereine
    E. V.
Elektrizitätsverwertung, Stuttgart.
Elektro-Journal, Berlin.
Das Gas- und Wasserfach, München.
Gesundheits-Ingenieur, München.
Hauswirtschaft in Wissenschaft und Praxis. Mitteilungsblatt der Versuchsstelle für
    Hauswirtschaft des Reichsverbandes deutscher Hausfrauenvereine in Leipzig.
Hauswirtschaftliche Jahrbücher, Zeitschrift für Hauswirtschaftswissenschaft,
    Stuttgart.
Hefte der Reichsforschungsgesellschaft für Wirtschaftlichkeit im Bau- und Woh-
    nungswesen, Berlin.
Licht und Lampe, Berlin.
Mitteilungen der Allg. Elektrizitätsgesellschaft, Berlin.
Mitteilungen der Bergmannwerke, Berlin.
Mitteilungen der Brown-Boveri A.-G., Mannheim.
Mitteilungen der Siemens-Schuckertwerke, Berlin.
V. D. I. Nachrichten, Berlin.
Der Werbeleiter, Monatsschrift der Vereinigung der Elektrizitätswerke EV., Berlin.
Zeitschrift für „Installationstechnik, Elektrowärme, Brand- und Unfallschutz",
    Berlin.

Gesundheitstechnik im Hausbau

Von Prof. **Richard Schachner**

445 Seiten, 206 Abbildungen, 1 Tafel. Gr.-8⁰. 1926. Brosch. M. 20.—; Lw. M. 22.—

Inhalt: Lüftung / Heizung / Einrichtung von Gas / Einrichtung von Elektrizität / Warmwasserbereitung / Wasserversorgung / Entwässerung / Müllbeseitigung / Schutz der Gebäude gegen Feuchtigkeit / Wärmeschutz der Gebäude / Schutz gegen Schall.

Gesundheits-Ingenieur: Das Buch wird seinen Zweck in den Kreisen der Architekten und Bauherrn erfüllen, gibt aber auch den Heizungs-, Gas- und Wassertechnikern manche nützlichen Anregungen, so daß es zu engerer Fühlung-nahme und besserem Verstehen zwischen Architekten und Gesundheitstechnikern beitragen kann.

Zeitschrift des VDI: Der Verfasser ist Architekt und hat sich die Aufgabe ge-stellt, dem Architekten alles Wissenswerte auf dem Gebiet der Gesundheitstechnik in einer wissenschaftlichen, aber nicht zu eingehenden und für ihn verständlichen Form darzustellen. Die Darstellung ist in jeder Beziehung vollkommen und mit klaren Abbildungen versehen.

Heizung und Lüftung, Warmwasserversorgung, Befeuchtung und Entnebelung

Leitfaden für Architekten und Bauherrn

von Ing. **M. Hottinger,** Privatdozent an der Technischen Hochschule in Zürich

300 S., 210 Abb., 64 Zahlentafeln. Gr.-8⁰. 1925. Brosch. M. 14.50, Leinen M. 16.50

Inhalt: Einteilung, Anordnung und Eignung der verschiedenen Heizsysteme / Heizkessel / Brennstoffe / Kamine / Heizkörper / Rohrleitungen / Die Berechnung des Wärmedurchganges durch die Umfassungsmauern der Räume / Beispiel für die Berechnung des Wärmebedarfes eines Raumes bei Beharrungszustand / Wärme-sparende Bauweisen / Bestimmung des angenäherten stündlichen Wärmebedarfes für ganze Gebäude, die dauernd benützt werden / Bestimmung der Kessel- und Brennmaterialräume / Verbindung von Warmwasserversorgungsanlagen mit den Zentralheizungen / Lüftungsanlagen / Befeuchtungs- und Entnebelungsanlagen / Ausschreibung und Begutachtung, Vergebung und Abnahme von Heizungs- und Lüftungsanlagen / Besondere Bedingungen für die Aufstellung von Zentral-heizungen / Literaturverzeichnis.

Deutsche Bauzeitung: Zu den technischen Einrichtungen, die vom Architekten ein besonderes Maß von Sachkenntnis verlangen, wenn er den Bauherrn richtig beraten und Fehler vermeiden will, gehören die Anlagen für Heizung, Lüftung und Warmwasserversorgung. Es sind die wichtigsten Installationen, und jede Bauaufgabe wirft neue Fragen auf, die den Architekten dazu anregen, sich bis zu einem gewissen Grade mit den Einrichtungen vertraut zu machen. Bisher fehlte es aber an einem Handbuch, das gerade den Anforderungen des Architekten ent-spricht, und diese Lücke wird durch das Hottingersche Buch ausgefüllt.
Der Verfasser hat diese Aufgabe in ganz vorzüglicher und vorbildlicher Weise gelöst. Sein Buch ist wirklich für den praktisch tätigen Architekten geschrieben und erfüllt alle Anforderungen in vollkommenster Weise.

R. OLDENBOURG / MÜNCHEN 32 UND BERLIN W 10

Elektro·Wärmeverwertung
als ein Mittel zur Erhöhung des Stromverbrauches
Von Ing. **Robert Kratochwill**

2. völlig umgearbeitete und wesentlich erweiterte Auflage. 703 Seiten, 431 Abb., zahlreiche Tabellen. Gr.-8°. 1927. Brosch. M. 38.50; in Leinen gebunden M. 40.—

Der elektrische Betrieb: Das Werk gibt eine fast universelle Übersicht über die Verwertung des elektrischen Stromes in der Wärmewirtschaft von Haushalt, Industrie und Landwirtschaft. Viele Abbildungen erleichtern das Verständnis für die große Menge der aufgezählten Wärmeanwendungen, der im einzelnen erläuterten Verfahren sowie der mannigfachen beschriebenen und verglichenen Werkzeuge, Apparaturen und ganzen Anlagen. Zahlreiche Tabellen enthalten positive Zahlenangaben über Verbrauch und Betriebskosten und machen das Buch besonders wertvoll.

Sparwirtschaft: Das mit Gründlichkeit, Sachkenntnis und Fleiß zusammengestellte Buch ist eine ungemein wertvolle Bereicherung der elektrotechnischen Fachliteratur. Das ausgezeichnete Werk kann nicht nur den Elektrizitätswerken und Elektrobauunternehmungen, sondern auch namentlich — und dies nicht nebenbei bemerkt — der Metallindustrie auf das beste empfohlen werden.

Elektrotechnische Zeitschrift: Zusammenfassend darf diese zweite Auflage als beachtliche Neuerscheinung angesprochen werden, die dem Werbeleiter eine reiche Fülle von Anregungen bietet.

Das Elektrizitätswerk: Der Elektrizitätswerkleiter erhält erschöpfenden Aufschluß darüber, welche Möglichkeiten zur restlosen Verwertung derzeit überschüssiger Strommengen offenstehen.

Wärmewirtschaft in Haushalt und Handwerk
Von Dipl.-Ing. **K. Polaczek**

36 Seiten, zahlreiche Abbildungen. Gr.-8°. 1926. Broschiert M. 1.60

Sächsische Gewerbeschule: Die vorliegende Schrift ist geeignet, weitesten Kreisen die Notwendigkeit vor Augen zu führen, mit unseren Brennstoffen im allgemein volkswirtschaftlichen sowie im eigensten Interesse zu sparen. Besondere Beachtung verdienen die Abschnitte über die Gewinnung der Wärme (vollständige und unvollständige Verbrennung) und über die Ausnützung der Wärme (Wärmeverluste), wo in einer jedem Laien leicht faßlichen Form der Weg gezeigt wird, rationell zu wirtschaften und Ersparnisse im Brennstoffverbrauch zu erzielen. Das Schriftchen kann zur Anschaffung empfohlen werden.

Deutsche Licht- und Wasserfachzeitung: Die kleine Schrift eignet sich in vorzüglicher Weise als Grundlage für Wärmekurse.

Wirtschaftliche Verwertung der Brennstoffe. Von Dipl.-Ing. G. de
Grahl. 3., vermehrte Auflage. 658 Seiten, 323 Abbildungen, 16 Tafeln, 202 Tab. Lex.-8°. 1923. Brosch. M. 32.—, gebunden M. 33.50.

Die Wärmeverluste durch ebene Wände. Von Dr.-Ing. Karl Hencky.
132 Seiten, 25 Abbildungen. Gr.-8°. 1921. Brosch. M. 4.—, gebunden M. 5.80.

Die Warmwasserbereitungs- und Versorgungsanlagen. Von Ing.
Wilhelm Heepke. 2., umgeänderte und erweiterte Auflage. 725 Seiten, 411 Abbildungen, 89 Tabellen. 8°. 1921. Brosch. M. 14.—, gebunden M. 15.20.

Die Hausentwässerung. Von Ing. Max Albert. 2., erweiterte Auflage. 150 S.,
82 Abbildungen, 1 Kostenanschlag, 1 lithographischer Entwässerungsplan. Kl.-8°. 1917. Gebunden M. 4.—.

R. OLDENBOURG / MÜNCHEN 32 UND BERLIN W 10